# 自衛隊最強の部隊へ

## ―戦法開発・模擬戦闘編

STRATEGIZE MOCK BATTLE

Futami Ryu
二見龍

誠文堂新光社

40普4
05-2169

軽装甲機動車により
車列を組み演習場を
移動する第４中隊。

↑有毒化学剤地帯において活動した隊員の除染（対化学訓練）。
↓斥候要員の通信訓練。

斥候の潜入訓練（ヘリコプターからのリペリング降下）。

対戦車誘導弾（対
戦車ミサイル）で敵
戦車を狙う隊員。

↑LRRP要員の潜入訓練。
↓牽引車両から切り離し120mm重迫撃砲を設置している分隊員。

↑120mm重迫撃砲中隊の実弾射撃（擬装網で覆われた砲陣地）。
↓120mm重迫撃砲が実弾を発射した瞬間。

弾薬箱で作成した模擬市街地を使用した掃討訓練。上にいる隊員は指導員。

スカウトの服装
(秋・冬バージョン)。

↑隊員Dとスカウトのメンバーたち。
↓LRRPチームを射撃支援するスカウト。

↑ターゲティング情報を収集する斥候。
↓夜間離脱訓練に参加する軽装甲機動車。

↑コンピュータ・シミュレーション訓練時の作戦室の風景。
↓作戦室で作戦構想を練る主要幹部。

第40普通科連隊の新隊員配置式。

# はじめに

強くなるには、強い相手と厳しい凌ぎ合いの戦いや訓練をすることが必要です。陸上自衛隊で強い部隊を探すと、陸上自衛隊北富士演習場に所在する富士トレーニングセンターの対抗部隊（通称ＦＴＣ）に行き着きます。

２０００年頃、全国の普通科部隊ではＦＴＣの対抗部隊を打ち破ることを目標に、チャレンジをしていました。しかし、ＦＴＣは部隊発足以来、連戦連勝、無敗の強さを保有していました。打倒ＦＴＣを掲げ、厳しい訓練を積み上げてきた部隊でも全滅させられてしまいます。一方で、ＦＴＣ側の損害はわずかで、２日間の戦闘のうち、初日の夕方にはこれ以上やれば次の日の攻撃ができないほどボロボロにされてしまい、後は消化試合の様相となります。いくら今後の訓練の参考にするためといっても、壊滅状態にされてしまうため、全国の部隊は驚愕しました。本気で訓練を積んでいっても、ＦＴＣから毎回大きな損害を受け、相手の陣地にもたどり着けない状態でした。

私は、戦闘に強い部隊と隊員を育成するにはどのようにすればよいかを常に考え、厳しい現場・戦場で活動する隊員が「任務を達成して生き残って帰ってくる戦闘技術」を身に付ける方法を模索していました。

そして「どうすれば強くなれるのか」の答えを求め、日々訓練を行っていくうちに、基礎的な訓練と超実戦的な訓練のループを作り、実戦的訓練で迷いが生じてきたら基本に戻り、基礎的訓練で修正・確認して、実戦的訓練に戻ることの繰り返しが必要であると気付きました。

打倒FTCを目指し、高い身体能力のためのトレーニング、火力を中心としたチーム戦闘能力や個人戦闘能力の向上のため、実戦的な訓練を皆で考えたり、部外インストラクターから多くのことを学び、厳しい訓練を進めていきました。

私が連隊長を務めた福岡県北九州市小倉に所在する第40普通科連隊（以下、40連隊）は、ガンハンドリング・インストラクターのナガタ・イチロー氏からCQB技術を学び、市街地戦闘や小部隊の戦闘において高いレベルを保持していました（『自衛隊最強の部隊へ—CQB・ガンハンドリング編』参照）。同時期に、S氏を中心とするスカウト・インストラクターチームから、スカウトの技術も学び、敵に見つからない動き、偵察技術を身に付けました（『自衛隊最強の部隊へ―偵察・潜入・サバイバル編』参照)。スカウトの技術は、他部隊にはほとんど広めていません。当時、他部隊がなかなか40連隊に追いつけなかったのは、40連隊がCQB技術とスカウトの技術を融合させていたからです。しかし、40連隊が全力で取り組んでいたものは高強度の戦闘や火力戦闘であり、戦闘における戦法の開発だったことはあまり知られていません。

40連隊が一番得意なものは、戦車、特科火力を組み込んだ高強度の戦闘です。CQBとスカウトの技術を学ぶことにより、隊員個々の戦闘技術・情報収集能力を向上させ、高強度戦闘能力全体のレベルを上げ、40連隊としての新たな戦法の開発を第1の目標としました。

戦法開発後、新たな戦法を駆使して連戦連勝のFTCを撃破することが、次の目標です。さらにその先の目標は、編み出した戦法を陸上自衛隊へ普及することです。連隊長でいられる時間は通常2年で、そんなに長い時間ではありません。どこまでいけるか、時間との戦いでした。

40連隊シリーズ第3弾である本書は、私が連隊長時代に戦法のすさまじい威力を経験することで戦法開発の必要性を認識し、新しい独自の戦法を開発に至るまでを描いた第1部「戦法開発編」と、その完成した新しい戦法を実際に模擬戦で使用した第2部の「実戦編」の2部構成になっています。

それでは、「どうすれば強くなれるのか」を追求した部隊の成長の記録をお楽しみください。

令和2年2月　二見龍

# 目次

## 第2章　ターゲティング・システム　159



## 第3章　LRRP（ラープ）　169

第❶部　戦法開発編

# 第1章

# 無敗の対抗部隊

## 富士トレーニングセンター（FTC）

初めに、40連隊が目標にしていた「富士トレーニングセンター（通称FTC）」について説明します。FTCは霊峰富士山の北麓に広がる陸上自衛隊北富士駐屯地にあり、訓練全般をコントロールする「統裁科」、全国の普通科中隊を相手に戦う対抗部隊を演じる「評価支援隊」、そして訓練結果を計数的に分析評価する「評価分析科」によって構成されています。

この陸上自衛隊初となる対抗部隊は、無敗の強さを誇っていました。挑戦してくる日本全国の普通科中隊は連戦連敗で、壊滅状態にされていました。

FTC内では、空包の射撃とともにビームが発射され、発射したビームが命中すると損耗が付与される交戦装置（通称バトラー）を使用し、実戦に近い損害を訓練部隊へ与えることができます。通常の訓練では損害を具体的に示すことのできない迫撃砲や特科の射撃効果も部隊へ付与できるシステムを有しています。私が連隊長に上番していた2003年頃、FTCは、実戦に近い環境で訓練を行える画期的なシステムを持っていました。

訓練部隊が攻撃を行う場合、戦車、特科、施設部隊を増強した普通科中隊が訓練の対象となり、対抗部隊を相手に実戦的な訓練を行うことができます。訓練に参加した普通科中隊は、訓練後にＡＡＲ（アフター・アクション・レビュー）を行い、戦闘における改善点を明確にし、今後の訓練に反映させます。

ＦＴＣでは、訓練に参加する全部隊の隊員や車両、火器のモニタリングを行い、センサーやカメラによって記録されるため、今まで損害付与のできなかった砲迫射撃による損害を付与し、定量的な評価ができます。

全国の普通科中隊は、ＦＴＣの主陣地に接近するまでの間、ＦＴＣの警戒部隊によって、主陣地に対する攻撃を行う前にかなりの損害を出してしまいます。特に損耗量が跳ね上がるのは、敵陣地の前に設置された地雷原に接近し、味方の障害処理部隊が地雷原に開設した人員用通路を1列になって通過する際で、狙い撃ちされる場面です。

ＦＴＣにとっては、地雷原を1列縦隊で通過しようとするところに銃を向け引き金を引いていれば、射線の中へ次々に隊員が飛び込んでくる状態になるからです。このため、短時間に大量の損害が発生します。現地のカメラによる映像と命中弾が連続して発生しているコンピュータ画面を見ていると、毎回悲しくなります。

陸上自衛隊の陣地攻撃の要領を知り尽くしているＦＴＣが、対抗策や弱点を突いてくるので、全国の普通科中隊の行動は封じ込められてしまうのです。そして、火力の評価をしたことのない訓練部隊へ砲迫火力を正確に指向することによって、大量の損害が発生し、部隊が混乱していきます。

混乱が収まり、部隊を掌握できる頃に再度砲迫射撃を受け、部隊には損耗が拡大するとともに疲労が蓄積されていきます。主導性が高いはずの攻撃部隊が、ＦＴＣの対抗策によって完全に受動的な状態に陥っていきます。一度主導性を失うと、取り戻すのが難しくなってしまいます。

訓練部隊は、主陣地を攻撃する前にＦＴＣによってボロボロにされ、それでも教範に書いてある主陣地への突入を体験するために無理な形で強引に突入しようとすると、前述のような深刻な状態になってしまうのです。

全国の普通科中隊は、ＦＴＣを倒そうと訓練を積み上げていますが、毎回返り討ちにあっている状態でした。

## 敵陣地へ突入できない攻撃

これは、私がＦＴＣの中枢となる訓練統制センター内で見た光景です。

陣地攻撃を行う第一線部隊に同行しているＦＴＣの現地統制員から、

「突入開始時期、0630（午前6時30分）」とFTCの訓練統制センターへ攻撃部隊の突入開始時期が知らされると、

「センター了解」と現地の統制員へ伝えた後、

「訓練統制センター撤収準備」という指示が出たのです。

自由対抗方式で訓練を統制しているセンターが、突入も開始していない段階で、片付ける準備を始めているのです。これから主陣地攻撃が本格的に始まろうとしているのに、通常ならばどうして、と思ってしまうのですが、主陣地へ接触するまでに勝敗と突入開始の後の大敗は見えており、無理してやっても攻撃部隊が崩壊してしまうだけだと誰の目にも明らかな状態でした。どちらかというと、「あえてここまでやらなくても」という感情さえ生まれる状況なのです。

敵陣地まで近付く段階で、戦車小隊（4両）は消滅し、歩兵部隊（陸上自衛隊では普通科という）の3分の1がすでに損耗し使えなくなっており、小隊長をはじめとする指揮官も失っている状況でした。さらに、攻撃準備をしている部隊へ容赦のない砲撃が行われ、損害が膨れ上がっている状態で、隊員は砲弾が落下するたびに四方八方へ全速力で走り、損耗を回避しなければなりません。

砲弾落下終了とともに、損害を回避した隊員が攻撃準備のためにまた集まり始めると、そこに再度砲弾が落下して損害が拡大していきます。攻撃準備もなかなか進まないまま、隊員が損耗していくのです。

攻撃の準備ができていない状態ですが、攻撃開始の時間がせまっているので、攻撃部隊は無理やり攻撃の態勢をとろうとして、敵に見つからない丁寧な動きが消え、完全に暴露する行動をとっています。そこに、砲弾落下と防御陣地からの敵の射撃によってさらに損害が膨らんでいくのです。

攻撃に先立ち行われた攻撃準備射撃は、敵陣地の位置を正確に把握できていないため、ほとんど効果を発揮できていない状態です。理由は簡単です。敵情を確認しに偵察に出た斥候が帰ってこないため、敵の陣地や障害の位置、配備状況を正確に掴むことができず、有効な射撃がほとんどできていないからです。

陣地に配備されている敵部隊は、損害を受けることなく、攻撃部隊の侵入を今かと待ち構えている状況です。敵陣地へ突入する直前に行う突撃支援射撃も、正確な敵の位置を掴んでいないため、かなりの弾量を落としているのですが、敵のいる陣地から離れたところばかりに着弾しています。ほとんど敵は減っていない状態で、突撃を行えば大変な損害が発生してしまうのは明らかです。

しかも、人員用に開けられた地雷原の開設通路を部隊が1列縦隊で進むところを、残存している敵から一斉射撃を受けるので、突入部隊には戦死者の山が築かれていきます。さらに、敵に気付かれないように行う攻撃準備の位置が敵に完全に捕捉されていて、砲撃を受けてしまい、攻撃部隊は統制がとれない状態になっています。

本来ならこの時点で、攻撃はもう無理と判断し終了するべきです。この状態で攻撃を行っても、どのようになるかは容易に想像ができるからです。

では、なぜ勝ち目のない突入まで行うのか。

それは、せっかく日本全国から北富士まで訓練に来たのだから、最後の突入までやりましょうと言われ、実際に行うからです。

その後、ＡＡＲと呼ばれる研究会では、今回の陣地攻撃の時程に応じた部隊の行動の実態、問題となった判断・行動や訓練不足の場面が紹介され、攻撃部隊がファシリテーター（議論の進行役）の質問に答えたり、攻撃部隊内の意見交換が行われます。

しかし、私自身、この訓練に何回も参加していますが、陣地攻撃という戦い方・やり方が「第二次世界大戦とほとんど変わっていない」という根本的な問題が議論されることはありません。どれだけの損害が出るのか、負傷した隊員の救急救命活動や戦力低下したときの戦闘の難しさなど、難しく手間のかかるところに目を向けず、陣地攻撃の手順を重視して行ってきたためです。

私は、従来の陣地攻撃という戦い方、戦法自体の見直しが必要ではないかと考えることから始める必要があると思いました。この戦い方で本当に勝つことができるのか。そういう疑問が頭から離れませんでした。

## 教範通りでは勝てない

陣地攻撃をしていて、常に疑問に感じることがありました。

第二次世界大戦や他国の戦争ではありますが、戦史として研究した朝鮮戦争と同じ戦い方を現在でもしていることです。当時の戦い方と同じということは、大きな人的損害を許容しているということに他なりません。こうした戦い方が本当に正しいものなのでしょうか。

戦闘について学ぶ教科書として、陸上自衛隊には教範があります。この教範を読むと、第二次世界大戦、朝鮮戦争の戦い方に近い陣地攻撃の仕方や手順が書いてあります。旧態依然の戦い方でいいのか。20代で教育入校しているとき、疑問に思ってそのことを教官に質問す

ると、

「このような轍を踏まないためにも火力を重視した戦闘を行わなければならないのだよ」という答えが返ってきました。

ところが、入校が終わり部隊に戻って陣地攻撃の訓練に参加すると、やはり、第二次世界大戦や朝鮮戦争と同じ戦い方を行っていました。もっと火力を使用しないのか聞いてみると、教官はうるさそうに、

「攻撃準備の時間が少ないので、仕方ない」と言いました。

一方、火力を運用する特科の幹部はこう言いました。

「この程度の射撃で十分だ。これ以上撃っても、弾の無駄だよ。それに十分な弾薬がある訳ではないからな」

しかし、火力によって敵を十分に叩くことができなければ、多くの敵が残存してしまいます。敵が残っている陣地へ突入した場合、敵の火力によって多くの味方が倒されるのです。

時間がないから、敵を残してしまっても構わないと簡単に考えてしまった代償は、多くの味方の血によってあがなわれることになります。「急がないとならないので仕方がない」で許されるものではないはずですが、不思議なことに、こんなことがまかり通っているのです。

「これだけ撃てば十分だろ、これ以上撃っても弾の無駄、そんなに弾がある訳ではないのだし…」

本来なら、戦闘を有利に進めるために必要な弾薬を準備すべきであり、弾薬の節約のため、最前線の歩兵の命が失われても仕方がないという驚くべき考え方は、実損害が出ない訓練だから通用するものだと思います。

特科の装備する榴弾砲は砲身砲といわれています。砲身砲の特性は、弾量で敵を撃破することです。誘導弾のような精密誘導機能を有していませんが、安価な弾を大量に打ち込むことによって敵を撃破する特性があります。

本来有利な態勢を保持しているはずの攻撃部隊の弾薬が少ない状態は、レアな状態のはずです。しかし、毎回弾が少ない状況の設定で、十分に敵を叩き切れないまま、味方は突入しなければなりません。このような戦い方や訓練をしていていいものなのか疑問に思いました。

今のロシアがソ連だった冷戦時代、陸上自衛隊は本土防衛のための防御訓練を一生懸命行ってきました。ソ連の戦車戦力が着上陸し、強力な火力の援護下で行われる攻撃に耐えるために、自衛隊は強度を有する陣地の構築と地雷原と対戦車壕を組み合わせた複合障害の構築、敵の火力から生き残ることのできる反斜面陣地の設置、敵戦車に集中砲火を与える戦車撃破地域の設定など、多くの戦い方を研究してきました。

国土戦＝陣地防御と捉えていたので、研究命題を与えられた部隊は、現有編成・装備でいかに戦うか年間を通じ研究し、その戦い方を他の部隊が研修することを繰り返し、戦い方の研究と普及を行ってきました。

当時、日本独自ではソ連の侵略に対処できないため、米軍が来援するまで持ちこたえるという想定でした。そうして米軍来援後、日米が共同してソ連に対して反撃を開始し、侵略部隊を撃破するという構想を持っていました。

しかし、訓練の中心は防御であり、米軍と共同して行う反撃は実際の米軍との訓練もまだ進んでおらず、当時の状況によって定めるか、その年度に指定された部隊が経験する程度でした。

冷戦時代、圧倒的な火力の支援を受けた戦車と装甲車による攻撃に対処するため、全国の陸上自衛隊は、対機甲戦闘要領を研究し、実動訓練を繰り返していました。私も小隊長時代、所属する普通科連隊に対して、上級部隊から対機甲戦闘要領の研究・検討を命じられ、3ヵ月ほど演習場で集中訓練をした記憶があります。

しかし、「専守防衛＝本土防衛」という冷戦時代、陣地攻撃はほとんど研究・検討されることはありませんでした。時代は進み、装備は変わりましたが、陣地攻撃は冷戦当時の訓練内容とほぼ同じ形で行われ、研究が進んでいない状況のままでした。

このため、全国の普通科連隊の中隊が北富士にやってきて、実戦的な訓練ができる環境でＦＴＣと戦うと、攻撃部隊がほとんどやられてしまう現実を経験することになります。さらに、攻撃を開始するところまでたどり着くのも難しい状況に追い込まれる部隊もあります。攻撃のための前進間に火砲の射撃や対戦車ミサイルによって人員と戦車が損耗してしまい、攻撃のための戦力を削り取られてしまうからです。

陣地攻撃の原則的な事項や手順、参考となる事項が記載された教範は、戦法ではなく陣地攻撃のフォーマットを記載したものといえます。戦闘という生身と生身の人間が死力を尽くして戦う場面では、どんな状況でも通用する攻撃ができなければ、勝利を掴み取ることはできません。

敵が陸上自衛隊の攻撃要領を熟知し、対抗策を十分練って防御しているところに、教範通りの攻撃をしても、損害をこうむることは必至で、勝てる可能性は極めて低いといえます。

陸上自衛隊の基本的な陣地攻撃要領を熟知したＦＴＣの対抗部隊が、各攻撃の段階で対抗策をとっていた場合、いつどこで何をしてくるかがわかっているので、難しい突入場面でなくても、大きな損害を与えることができます。最初からこちらの行動が読めているので対抗策を打つことは容易で、1つのフォーマットだけの攻撃部隊は、当初から簡単に主導性を奪われてしまいます。

戦闘の当初からFTCに主導性を奪われてしまい、自由度を失った状態で戦闘を行うことになります。これでは、勝つことはできません。攻撃部隊は、各種戦法を保有し、状況に合致した戦法を自由自在に使えるようにすることによって、主導性を保持することができるのです。

## 通常の訓練では真の情報の重要性が理解されていない

教範では情報は重要だと書かれていますが、訓練において実践されているかどうか、疑問なところがあります。訓練では、情報収集が上手くできたかどうかよりも、指揮官が自分の部隊を自由自在に動かせたか、あるいは隊員は苦しい状況の中、頑張っているかどうかなどで評価されるからです。

部隊を評価する目は、部隊を動かす作戦部門に集中します。いかに良い情報収集活動ができても、評価の配点は低く、得点を上げることはできません。極言すれば、ときとして「情報は気にしなくていいから、上手く隷下部隊へ指示を出し、本部が計画した通りに動いているかに全力を尽くせ」というような指導が出ます。こうなると、形や体裁を整えることに努力が指向されてしまい、あらかじめシナリオの用意された「劇」のようになってしまいます。

部隊には、ＦＴＣのような戦闘損耗を付与するシステムはないので、審判員が戦闘を評価して損害を与える方式で訓練を行っていました。部隊は、訓練検閲（通常2年に1回行われる、上級部隊によって部隊長がしっかり部隊を練成しているかを評価する試験）を行う上級部隊の作成した「訓練統裁計画」に基づいて戦況を進める方式をとります。

訓練統裁計画には、検閲を受ける部隊が進出できる線があらかじめ決まっていて、時程表に基づき人員と装備へ付与する損害や与える情報の内容が決められています。部隊が素晴らしい活躍をしても、その戦闘結果で損害や進出線の位置が決まるのではなく、あらかじめ作成した上級部隊の訓練統裁計画によって統制する、訓練の方式をとっていました。この訓練の方式を「一方統裁」と呼びます。

一方統裁の利点は、訓練で部隊を評価する側のトップ（統裁官）が評価したい場面を自由に作ることができることです。突然出現した部隊に対してどのように検閲部隊は対応するのか、損耗が30％近くなった状態で攻撃を続行するのかしないのか、師団長から示された地域を確保できそうもない厳しい状況に追い込まれた連隊長はどのように判断をするのかなど、判断に悩んだり、厳しい状況に追い込まれた指揮官と部隊はいかに動くのかを評価する場面を強制的に出現させることができます。

一方、欠点は、統裁官が考えている場面を作るため、検閲を受ける部隊の活躍が顕著であっても、統裁計画の時程の通りに進められていくので、そうした頑張りが反映されないところです。ですから反対に、頑張っていなくとも時間になるとシナリオの通り進んでしまうこともあります。

統裁官は、一方統裁で検閲を統制しつつも、自らの納得感があるようなシナリオ通りに進むように全般を構成します。

一番注意を要するところは、情報が部隊を先導するのではなく、運用部門が部隊を先導してしまうところです。情報活動には必要最低限程度の力で対応し、部隊運用に多くの努力を傾注しようとします。その結果、情報というものの重要性が、検閲を統裁する側からも、部隊や隊員の中からも失われていきます。実戦を想定すると、これは大きなマイナスになります。

大きなマイナス面を抑えるため、「実戦的訓練の追求」を統裁官から要求されますが、一方統裁方式の訓練でこの要求を満たすことは困難です。

一方統裁の訓練に慣れている部隊が、FTCで訓練を行うと、部隊では顕在化しなかったこのマイナス面が出てしまい、やっている本人たちは「何だこれは、今までの訓練とは違うではないか」と、当初は怒りを覚えますが、根本的な違いに直面し続けていくうちに、愕然し打ちのめされていきます。

FTCとの戦闘では、情報戦から戦いが始まります。そして、部隊が行動するために必要な情報収集の段階で勝敗が決まってしまいます。情報戦での部隊側のレベルによって、戦闘が始まる前にかなりの損害が出るのか、ほぼ壊滅するのか、攻撃準備の段階で決着がつくのか、何とか突撃の段階まで戦えるのかがわかるのです。

一方統裁方式では、部隊は情報活動いかんに関わらず、指定した時間が来れば統裁部から敵の情報を与えられます。情報収集を行う斥候は、敵に捕捉されたりやられてしまっても一定の時間が来ると復活し、戦闘に戻ることができます。やられないようにするという意識よりも、やられても情報が取れれば報告ができ、少し経てば元に戻れる訓練に慣れていきます。

当然、敵の斥候を倒してもまた生き返ってしまうので、無駄な行動をしません。

「シナリオ通り」に行う訓練に慣れている部隊は、「いつものパターン」で攻撃を進めます。当然いつもの通りに斥候はやられず、必要な情報が収集できるはずと想定し行動します。しかし、普段の訓練ではやられることのない味方の斥候が、FTC部隊の「斥候狩り（あらかじめ斥候が通りそうな場所に部隊を配置して倒し、敵に情報を与えない）」によってほとんど壊滅させられてしまい、何も情報が入らない状態にされてしまいます。

FTCとの戦闘では、「戦死」すると戦闘には戻れません。重傷者も戦闘不能と評価され、戦闘へ復帰できません。さらに、FTCの斥候は全員が生き残り、部隊の状況や配置に関する情報を報告したり、集結した部隊や停止状態の部隊に対して砲迫火力を要求します。

部隊側は、偵察に出した斥候との無線連絡はいつまで経ってもとれない状態で、収集できるはずの敵の情報がまったく入ってこず、敵がどこにいるのか、防御陣地の位置や地雷原などの障害がどこにあるのかわからない、闇夜の中を手探りで歩いている状態です。

一方、FTC側は、斥候は無傷のまま発見した部隊を追尾しているので、部隊側の情報が手に取るようにわかります。追尾している斥候（追尾斥候）は部隊が停止すると、正確な位置を把握できているので砲迫火力を要求して、部隊の戦力を削り取ります。

集まっていた部隊へ突如砲迫射撃が行われ、損害を回避するため部隊は弾着地域から大急ぎで離脱します。バラバラになった部隊の損害を確認し部隊を集結させるとまた、追尾斥候からの射撃要求によって、再度集まった部隊へ砲迫火力が指向されます。そしてまた、大急ぎで弾着地から離れようとしてバラバラに逃げ、砲迫射撃終了後、部隊を掌握していると再度砲迫火力を落とされることが繰り返されます。敵と戦う前の前進している段階で、部隊は大きな損害を受け、敵を見つけることのできない苛立ち（戦闘で敵がどこにいるかわからずに損耗していくと、激しいストレスとモチベーションの低下に陥ります）とともに体力が削られていき、攻撃をしようとしているのに思った以上の大きな疲弊感を感じることになります。

見えない敵からの正確な砲迫射撃によって損害を積み重ねた部隊側は、翌日早朝の陣地攻撃の偵察もできておらず、敵陣地に到着して部隊を停止させると砲迫火力が降り注ぎ、仮眠どころか休憩もできない状態になっています。

敵の状況はよくわからなくても教範通りの攻撃手順を行い、いつもの部隊で行う訓練のように攻撃を開始しますが、ＦＴＣからの射撃によって損耗が増加してしまい、陣地攻撃どころの状態ではなくされてしまいます。それでも、敵が顕在している防御陣地に対する突入を無理に行おうとすると、突入部隊が「射撃の的」状態になるのです。

その結果、10分もかからず突入小隊が消えてしまいます。ＦＴＣの陣地の前面に構築された地雷原に幅50㎝～１ｍほどの人員通路を開設し、約１００ｍ近い距離を1列縦隊で地雷原を走り抜けるときに、防御陣地側から射撃を受けるからです。照準して引き金を引いたところに突入部隊が次々に飛び込んでくる状態のため、防御側にしてみれば簡単な射撃です。しばらくすると、予備の小隊も同じように突入を試みるので、同じように10分もかからずやられてしまいます。

また、ＦＴＣの防御陣地に対する砲迫による攻撃準備射撃は、正確な位置情報が掌握できないまま行われているので、1時間近く砲迫射撃をしても敵に損害を与えることができません。

実戦的な訓練を行うことのできる場であるＦＴＣでは、対抗部隊の斥候狩りに倒されることなく生き残って情報を収集できる斥候がいなければ、当初の段階で戦闘の結果が予測できてしまう状態になります。さらに、敵の斥候を戦闘間仕留めることができなければ、部隊が停止するたびに砲迫射撃を要求されてしまいます。部隊はますます損耗が累積していき、攻撃の主導性を奪われてしまいます。普段の訓練は、「情報は時間の経過とともに与えられるもの」として行ってきましたが、ＦＴＣでは待っていても何も情報は入りません。

本来なら、味方の斥候が確実に生き残り、正確な情報を報告するとともに敵部隊へ火力を要求できなければなりません。そして、味方の状況を偵察する敵の斥候を確実に倒すことによって情報戦に勝利しなければ、その先の戦闘に勝利することはできないのです。情報の重要性と必要性を嫌というほど味わい、部隊をボロボロにされ猛反省するのが、ＦＴＣの実戦的な訓練です。

第❶部　戦法開発編

# 第2章

# 小隊同士の自由対抗戦闘

## 師団戦闘競技会

40連隊で勤務する前、私は北熊本に所在する第8師団司令部の第3部（師団の作戦・運用、教育訓練を担当する部）で師団長を補佐する幕僚をしていました。

第8師団の普通科連隊の中隊とFTC部隊との戦闘を北富士演習場で確認して北熊本に戻ると、師団長室に呼ばれました。そして師団長から、

「FTCの対抗部隊は連戦連勝のようだが、8師団の中隊の戦闘はどこまでやれているのかな」と聞かれました。

師団長はいつもこういう穏やかな口調で話します。しかし、質問の中身はシビアです。このときも私には、師団内普通科中隊はどこまで訓練できているのか、FTCとの戦闘に勝てるのか、という質問をされているように聞こえました。

私は部隊の状況について、次のように報告をしました。

1　情報戦で勝負が決まってしまうこと

2　教範にある手順で攻撃すると、教範を熟知しているＦＴＣ部隊から部隊全体のバランスを崩され、さらに弱点を狙われ敵の陣地にたどり着くまでに攻撃のできない状態にされたこと

3　突入時、まるで射的のごとく短時間に壊滅してしまったこと

報告を聞いた師団長は、

「北富士演習場をホームグラウンドにしているＦＴＣは、地形を熟知して戦うことができるから、不慣れな訓練部隊がやられてしまうのか、それとも、本当に強いのかな」と聞かれ、

「実戦的な訓練を積んでいて本当の強さがあります。しかも、ホームグラウンドで戦うため、さらに強さが増しています」と答えました。

師団長はどのような表情をするのかなと思っていると、

「そうか、やはり実戦的な訓練を積み上げた本物の強さか」と顔がほころんでいます。

なぜだろうと思っていると、師団長はこう言いました。

「師団長になったらやりたいと考えていた訓練がある。可能な限り実戦的に部隊を戦わせる

ことのできる環境を設定し、師団で一番強い部隊を決める競技会をやりたい。声の大きい者や階級が上の者が都合の良い戦闘結果の判定を受けたり、有利になるのではなく、弾先で勝負する場を作り、各普通科連隊がこの競技会を目標に練成して真に実戦に強い部隊を作り上げることによって、最強の師団を育成したいのだよ」

師団長は言い終えると、鋭い眼光で私の目をのぞき込みました。そうして無言でうなずくと、タバコに火を付けずに吸い口を下にして、トントンと机を叩き始めました。機嫌の良いときに出る仕草です。

さらに師団長は、こう続けました。

「教範にとらわれることなく、自由な発想で戦法を生み出して戦ってもいいルールで、砲迫射撃による損害を部隊に与え、直射火器（小銃、機関銃など）で撃たれると損害表示の出るシステムを使用した師団内の戦闘競技会をやり、どこの連隊の小部隊が一番強いのか見てみたい。秋頃までに何とかしてほしい」

師団内での、実戦的な戦闘競技会の企画を命じられた瞬間でした。

命じられたのは4月です。10月にはシステムを作り上げ、演習場を10日ほど確保して競技会をできるようにしなければなりません。悠長にしてはいられない、かなり厳しい任務です。

しかし、もともとこのような実戦的な訓練をやりたかったのと、ＦＴＣの実戦的な戦闘を見てから一層その必要性を感じていたので、この任務を師団長からいただいたとき、何だか嬉しくなったことを覚えています。

「了解しました。とことん実戦に近い戦闘が可能な競技会を企画します。しかし、ＦＴＣのような専門の機材は師団にはありません。師団では、ＦＴＣで機械的に判断するところを人海戦術で具体化することになります。審判の人員をかなり確保する必要がありますが、よろしいでしょうか」と話すと、再び師団長はタバコをトントンしながら、

「わかった。楽しみにしている」と言っていただきました。

「師団で一番になった小部隊全員に3級賞詞（一般的な隊員は自衛隊勤務間通常1回程度しか貰えない表彰状）を渡すように人事に言っておく」

師団長の力の入れ方もいつもと違います。この話を1部長（人事担当部長）にすると、

「えぇー、3部長、師団長が本当にそう言われたの！」と飛び上るほど驚きました。

通常ならば、1つの普通科連隊で年間6枚程度しか配分されないものを、この競技会で優勝すると1つの普通科連隊で30枚以上貰うことができるからです。3級賞詞の枠（数）は方面総監部（上級部隊）から示されるので、増やすことができません。そうなると、師団内各

部隊へ配分する予定の3級賞詞を取り上げ、競技会の表彰へ割り当てなければなりません。競技会に関係のない後方部隊などはたまったものではありません。賞詞の扱い1つをとっても、師団長の並々ならない思いが伝わってきます。

後日談ですが、1部長は粘りに粘って、3級賞詞10枚、4級賞詞と5級賞詞合わせて40枚で師団長のご理解をいただきました。

さて、師団戦闘競技会の話をする前に、戦闘競技会の企画・運用全般をコントロールした日高1尉（当時）の話をしなければなりません。日高督雄1尉がいなければ実戦的な戦いを実現できなかったからです。

日高1尉は、私が部長をしている第8師団司令部第3部の部員で、射撃、小部隊の戦いと通信（普通科では珍しい暗号もわかる）に関する理論と企画・実行力に秀でた部内選抜幹部（叩き上げの幹部）です。彼は、小部隊戦闘訓練の企画・運営が得意であり、強い小部隊の育成をライフワークにしています。粘り強く冷静で、与えられた任務を何度もクリアし、必ず結果に結びつけてきた日高1尉は、私にとって宝物といっていい存在であり、全幅の信頼を置いている部下というよりも仲間です。内容が濃く、詰めの厳しい彼の企画書は、今まですべてOKにしてきました。そして、いつも企画書を上回るものが実現されます。

日高1尉をプロジェクトリーダーとした3部のメンバーへ、

1　師団競技会は、射撃時の空包の発射音とともに、銃からビームが出て、目標に命中するとディテクターという受光装置が反応するシステム（バトラー）を使用すること

2　統裁部による目標の位置の正確性の判定と現地における統裁部の判定を迅速に訓練部隊へ付与できる迫撃砲射撃損害付与システム（人員で行う）を企画すること

3　1人1人の位置が地図に表示され、損害がほぼリアルタイムでわかるものを作ること

4　あわせて、競技会に参加する部隊の練成を進めるために、師団戦闘競技会のルールを作り、早めに実施部隊へ示したい

と命じました。いつもはすぐハイという返事が返ってくる日高1尉ですが、今回は戦闘帽の

つばに隠れている目がキラッと光り、ぼそっと
「やってみます。そのかわり、3ヵ月ください」と言い残し、彼は3部長室から出ていきました。

皆で作り込みを始め、プレ競技会を3ヵ月後に行うことになりました。まず、全体のシステムの構成、必ず小隊同士の戦闘が発生するルールの作成、迫撃砲による損耗付与の要領を何度も話し合い、イメージ固めを徹底的に行いました。迫撃砲の射撃では立っている状態と伏せている状態での損耗の判定をどうするか、システムをかなり詰める必要がありました。実戦的な損耗付与を追求すると、小隊員の位置を確認する現地の審判の人数が小隊員の数に近いほど必要になってしまうため、かなりの時間を割いて「損耗付与システム」の検討を行いました。

師団戦闘競技会の構想の具体化と並行して必要な資材、人員、システムの準備を行い、準備開始から3ヵ月でプレ戦闘競技会を予定通り開催することが可能となりました。日高1尉にどんな手ごたえか聞いてみると、

「大変というよりも、楽しくて仕方がなかったです」という返事が返ってきました。

これでシステムはほぼ完成だなと思いました。

「あとは、迫（迫撃砲）の審判と現地審判の腕でしょうか。では準備のため演習場へ先行し

ます」

そう言って彼は出発していきました。

翌日、私も演習場へ前進しました。演習場の小高いところに設置された、プレ戦闘競技会全体を統制する統裁本部です。

まず統裁本部の施設を確認します。テントの周りには、全般をコントロールする無線機のアンテナが多数建てられていました。天幕の中に入ると、隊員の位置情報がリアルタイムに把握できるシステムや損耗を表示する画面があり、両方の小隊の通信が傍受できるようになっています。もちろん統裁本部から、統裁本部の各班直通の有線電話、現地審判長とのホットラインなどが設定されており、競技会の統制に必要な機材のセットが設置完了していました。

敵と味方のちょうど中間点にある小高い丘を占領する任務を有する各小隊は、決められた場所から同時にスタートします。戦闘競技会のルールは、地形確保点数と敵の撃破点数の合計点で勝ち負けを判定します。時間内に小高い丘を占領すると、小隊は任務を達成したので得点を付与されます。

さらに、敵を撃破した人数が得点となって加点されます。小高い丘を占領せずに逃げ回ったり隠れていると、人員はやられませんが地形確保の得点がないので、相手が地形を確保していると得点上負けとなる仕組みになっています。小隊同士が小高い丘を確保するために攻撃を行う場を作ったのです。

プレ戦闘競技会が開始されました。各小隊は決められた場所から予定通り同時にスタートし、中間点の小高い丘へ前進を開始しました。隊員の位置の表示も確実にできています。現地審判が隊員の位置を正確に統裁本部へ報告していることがわかります。戦闘競技会はすべて順調に進んでいるので、まずは一安心です。

しかし、間もなく問題が発生しました。小隊（30名の隊員で構成、リーダーは小隊長）対抗方式の戦闘が始まると、現地審判に対して競技実施小隊からのクレームが多発したのです。迫撃砲の射撃による損耗付与も上手くできていました。現地審判は、訓練レベルの高い3部のメンバーを中心に中隊長経験者など十分なレベルを保持した人員を選定して構成していたはずでした。

このクレームの多発は驚きです。小隊の人数とほぼ同人数が審判についており、確実に損耗付与を与えていたのですが、それが問題となりました。部隊を発見できなくても、ぞろぞろついてくる現地審判を探せば部隊を見つけることができます。現地審判のいる位置に敵の小隊もいるので、現地審判を見つけ、そこに迫撃砲を指向すれば、敵小隊へ損害を与えることができるからです。

プレ戦闘競技会終了後、競技会に参加した小隊からも意見を聴取し、次のことを1ヵ月以内に改善することになりました。

損耗付与や競技会のルールについては問題ないことがわかりました。しかし、本気モードの小隊同士の戦いを判定する現地審判は、部隊行動の邪魔になったり、審判を見つけると部隊を見つけることができること。迫撃砲の射撃の判定と損耗付与を行う現地審判が高い姿勢で歩き回るので見つけやすいこと。迫撃砲の現地審判員が近付いてきたら射撃が指向されているのでその場から逃げる対応行動がとれることなど、統裁部要員、現地審判部要員、競技会参加小隊と対応策を話し合いました。

その結果、戦闘競技会に参加する小隊並みの戦闘技術のある審判を養成する必要があり、戦闘競技会に参加する現地審判の訓練を1ヵ月間みっちり行いました。現地審判要員も、各普通科連隊の戦闘競技会を練成したが連隊代表として選抜されなかったメンバーを選定することにしました。

どちらの小隊にも公平に実戦的に審判を行うことによって、実戦的な訓練が実現すること、本物の強さを追求できること、師団戦闘競技会の成功を合言葉に演習場での練成を積み重ね、現地審判全員が驚くほどのレベルに到達しました。

現地審判の行動を徹底的に訓練し、各種システムの点検も終了し、いよいよ、「師団小隊対抗戦闘競技会」が行われることになりました。

## 小隊を全滅にする男

師団内の連隊長の中に、今まで小部隊の訓練で多くのアイデアをいただいている吉田明生連隊長という人がいます。ちょうど、師団戦闘競技会が始まる前に立ち話をする機会がありました。競技会ができるまでの道のりを話すと、連隊長は、今回かなりの訓練を積んできたことを話してくれました。そして、別れ際にこう言ったのです。

「面白い戦いをするので楽しみにしていてほしい」

バトラーという戦闘評価システムは老朽化が進んでいて不具合が出やすいため、予備の機材を準備して部隊に最終点検まで行うようにしていますが、どうしても機材の不調が出てしまいます。機材の不調が見つかった時点で戦死と判定するルールにすることを師団長へ報告すると、

「これは運だよ、それでよし」と言われ、小銃からビームが出なかったり、体に付けた受光装置が反応しない場合、戦死となるルールにしました。

ところが、吉田連隊の小隊は始まる前にシステムエラーで7名の戦死が出てしまいました。1個班の3分の2の人員が戦闘の始まる前から戦死になったのです。対戦する小隊には機材の不調はありません。戦闘競技会が始まる前からかなりのハンディキャップを背負うことになります。怒られることを覚悟して連隊長のところへ謝りにいくことにしました。

「すみません」と私が言うと、彼は

「いいよ。大丈夫だから」とニコッと笑いました。

普通、何やっているんだと言われてもおかしくないのに、この自信は何であろうか。しかし、この不思議な反応には裏付けがあったのです。

記念すべき師団戦闘競技会第1回戦は、機材不調で最初から7名損耗してしまった吉田連隊の小隊と他の連隊の小隊の対抗戦です。私は最初の戦闘を上手く進めるために、バトラーの確認、現地審判の最終確認や統裁本部内を走り回りながら必要な修正を行わなければならず、1回戦の戦闘を見る余裕がありませんでした。

1回戦は、2時間の戦闘時間より前に、「小隊全滅競技終了」とアナウンスがありました。

やっぱりなーと思って見てみると、何と吉田連隊の小隊の勝ちで、3名しかやられておらず、相手は全滅していたのです。

この小隊は次の戦闘でも、時間が来て判定となりましたが、吉田連隊の小隊はまたあまりやられず、相手は3名しか残っていませんでした。統裁本部で戦闘競技会を見ている吉田連隊長が私に「凄いでしょ」とニコッと笑います。短時間にここまで相手の小隊を破壊してしまうには、それなりの行動が現地で行われているはずです。すべての戦闘を確認している日高1尉がその何かを見ているはずです。

すぐ統裁本部の天幕の中へ行き、全般コントロールをしている日高1尉に「どうなっているんだ」と聞くと、冷静な彼が、興奮気味にこう言ったのです。

「恐ろしい戦法と、とんでもない男がこの小隊にはいます」

現地に設置したカメラからの映像で、戦闘開始から終了まで部隊の動きと損耗状況を確認していくうちに、その全貌が明らかになってきました。この小隊は、戦闘地域に到着すると相手を大きく包囲するように行動していました。包囲した形の隊員は、小銃と機関銃によって火網を構成し、包囲している中から外に出る敵の隊員を射撃できるような配置をとります。しかし、地形をよく見て配置を確認しないとただバラバラに隊員がいるだけに見えてしまい、分散していて戦力を集中できていないような、統制のとれていない小隊の行動に見えてしまうのでます。戦いは戦力の集中が重要であると戦術で教えられてきた幹部は、意味もなく部隊が散らばっている（分散している）ように見えるので、戦術の基本ができていないと評価するのが普通です。

「何をやっているんだこの部隊は。相手は戦力を集中して、分散している敵を撃破するチャンスだ」と思ってしまいます。

ところが、地形と配置を丁寧に確認すると、包囲網の外に出ようとする敵に対して2方向から射撃が可能な火網が巧妙に構成されていることがわかります。そして、さらに次に行う行動が予想もしないものなのです。

包囲網から外へ出る敵を確実に倒せるように構成された火網の輪の中に、敵部隊を狩りに1人の男が入っていくのです。このとき、敵の小隊無線系はすでに静かになっていて、小隊長を呼び出しても無線に出てこない状態になっています。

日高1尉が、

「3部長、この包囲網の中に入っていく隊員の行動を見ると、恐ろしくなります」と言います。

時間経過に合わせて戦闘の状態（隊員の配置、死傷者の発生状況）を表示する画面を確認してみると、その隊員は、戦闘競技会の開始とともに、素早い動きで敵の奥深くへ侵入していきます。敵の存在している中を停止と前進を繰り返しながら見つかることなく移動し、やや小高い地形のところで停止しました。数分後、敵の小隊本部のメンバー（小隊長、通信手、FO［砲迫射撃を要求する前進観測員］）が吸い込まれるように、その隊員の隠れているところに近付いてきます。そしてすぐ近くを通り過ぎた小隊本部のメンバーに至近距離で後ろから射撃を行い、戦闘開始後間もない段階で、重要な指揮官である小隊長、火力を要求するFO、各部隊へ通信連絡を行う通信手を仕留めてしまったのです。敵は小隊への指揮ができず、火力要求をしても反応がなく、小隊本部の無線は沈黙状態になります。

敵小隊は、何が起こったのか把握できないまま、混乱状態に陥っています。そして混乱状態になっている敵の中へ、またその隊員が1人で入っていくのでした。

その隊員はH2曹といい、カモシカのような脚と鍛え抜かれた身体の柔らかさとマタギのような射撃をする戦闘員でした。H2曹は、包囲網の中で、ゆったりとした動きに見えますがかなりの移動速度で風下に回り込み、そんなに離れていない距離から敵の隊員を後ろから狙い、確実に仕留めます。

風下と戦場騒音（他の場所での戦闘や戦車・車両のエンジン音）で敵はどこから撃たれているのかわからずにいると、射撃後ゆっくりした姿勢で地面に伏せたH2曹が、とてもスローな動きで立ち上がり、再び敵を射撃し、またゆっくり低い姿勢になり地面に溶け込んでいきます。

この射撃を数回受けた敵は、敵がどこにいるかもわからず、味方がバタバタ倒されていくので、さらに混乱状態に拍車がかかります。リーダーを失った残りの隊員は、慌てて移動しその場から離脱を図ろうとします。このとき、敵が包囲網の輪の外へ出ようとすると、準備された火網で仕留められてしまいます。火網の前で停止して残っている隊員を、H2曹はゆっくり近付いて後ろから仕留めながら火網の線へ敵を追い出していき、敵の班（10名で編成）を全滅させてしまいます。包囲網を作っている部隊は、火網を準備するとともに、敵に関する情報も収集していています。

H2曹は小隊長からの指示によって、次の敵の班の後ろへ回り込み、先ほどと同じ行動で次々に敵を倒していきます。そうして敵部隊は1人残らず倒され、全滅してしまうのでした。

H2曹という1人の隊員を軸に戦法を作り上げていることがわかり、ゾクッとする吉田連隊長の凄さ、戦法の恐ろしさを感じました。

恐ろしさと同時に、純粋にこの競技会は面白いと感じました。吉田連隊長のところへ戻り、「とんでもない戦法ですね」と言うと、

「わかった？」と嬉しそうに笑いました。

他の連隊長は、まだ何が起きているのかわからず、「次は、この小隊をうちの小隊が倒すだろう」と話しています。しかし、小隊自体の訓練の積み上げ、隊員の高い戦闘能力、新しい戦法を自由に使いこなす柔軟性と判断力など、他の連隊では到底打ち破ることはできないと思いました。

自分自身、この戦法を知らないで彼らを相手にした場合、どこまでやれるのか、知っていても勝ち切ることができるか、対応策も思い浮かばない練り込まれた戦法でした。

戦闘競技会は準決勝、決勝とも相手部隊はほぼ全滅という驚異的な強さで、そして、そのほとんどがH2曹の活躍によって優勝しました。

私は、H2曹という男に無性に会ってみたくなりました。いったいどんな隊員なのか、猛烈に興味が湧きました。日高1尉へそのことを伝えると、

「装着しているバトラーを統裁部へ返納するときに機会を作ります」と返ってきました。

その後、日高1尉に誘導され、

「彼がH2曹です」と指差す方向を見ると、H2曹が立って待っていました。遠くから見たH2曹は、思った以上に細くて背の高い隊員でした。戦闘競技会で恐ろしい狩りを1人で行い相手を全滅させたH2曹は、実際に接してみると、自分が描いていたイメージとは異なる、物静かで穏やかで優しい人間でした。来年もこの男が活躍するだろうなと感じ、握手をして別れました。

## 戦法を操る指揮官の恐ろしさ

第1回戦闘競技会の終了後、参加した小隊長、連隊長を含めたAARで、活躍した小隊の作戦や戦法を紹介しました。この狙いは、師団内で情報を共有することで作戦や戦闘技術の発展につなげることと、新たな戦法の開発です。

陸上自衛隊の教範に記述されている戦いの原則の中に、「戦力の集中」というものがあります。師団戦闘競技会でも、戦いの原則である「戦力の集中」をいかにして具体化して戦うかが重視されました。そのため、多くの小隊がここぞというときに敵より多くの戦力を集中させ、数の力（人員、指向する火力など）で勝利を獲得することを戦闘競技会において実行しました。

しかし、H2曹のいる小隊は、1人1人がバラバラに行動して敵に見つからないように敵の周りを囲み、その円の中へハンターであるH2曹が1人で侵入し、狩りをするように敵を倒していきます。そしてH2曹から逃げようとした敵は、包囲環を作り火網を構成しているメンバーによって仕留めるという戦法がとられました。結果は、対戦した部隊がほとんど全滅状態になってしまったのです。

吉田連隊長を中心に考え出されたこの戦法に対して、他の部隊は、今まで訓練してきた枠組みの思考から抜け切れないまま対応したため、完全に主導権を握られ、奇襲を受けた形で敗北してしまったのです。

このことが理解される前は、「教範にない戦い方で参考にならない」とか「やはり原則事項で戦法を組み立てるべきだ」と言う者が半分以上いて、彼らはなかなか負けを認めませんでした。しかし、AARを通じて戦法の恐るべき威力を理解し始めると、彼らは凍りつきました。

高度な戦闘技術とチームワーク、質量充実した訓練をして初めて可能となる戦法であり、ただ真似をしようとしてもできるものではありません。まず、戦闘員1人1人のレベルが段違いに高く、地味で丁寧な訓練を繰り返すことによって初めて実行できることが判明しました。

ほとんどの部隊が全試合ほぼ全滅していることから、従来の戦い方自体から考え直さなければならないことを、H2曹の行動の解析から理解できたのです。

例えばこんなことです。小隊長は通信機を持っていて、アンテナが背中から1m空に向かって伸びています。戦闘が始まるとH2曹は、敵の小隊長が来そうな場所へ先回りし、気配を消すようにして待ち構えます。足跡や装具の音、そして、自然の中には存在しない空に飛び出している無機的なアンテナを探します。遠くからも目立つアンテナの方向へスルスルと音もなく近付き、一瞬で小隊長を倒します。本格的な戦闘が始まる前に、指揮・命令を出す小隊長を失い混乱している小隊を包囲し、味方と連携して確実に倒す行動までよく訓練していました。

AARでは、実戦的な戦闘競技会だったからこそ生起した状況や検証結果が報告されました。「指揮転移」についていえばこういうことです。通常の訓練では、小隊長が敵の攻撃で「死亡」した場合、損耗を付与された小隊長自身が「小隊長死亡のため、今後の小隊の指揮は1班長がとれ」と指示を出し、指揮の移譲を確実に行ってから、戦線を離脱します。

ところが、戦闘競技会では、小隊長が損耗すると小隊の通信系での小隊長の指示がなくなり、小隊内の各班長が小隊長を呼び出しても応答がなくなるだけです。小隊長が「自分がやられたから後を頼む」という状況は実戦では起こらないため、禁止にしているからです。上級者が損耗したときの「指揮転移」の訓練をしていないと、無線が静かになり、ただその状態が続くだけなのです。

一方、「指揮転移」の実戦的な訓練をしてきた部隊は、通信が通じない時間が長い場合、小隊長や班長が死亡したものと捉えて部下が順番に指揮をとり、小隊の活動を継続することができます。小隊長がやられた場合、小隊陸曹、第1班長、第2班長、第3班長の順番で小隊を指揮するのです。班長がやられた場合は、副班長、1番手、2番手、3番手と。これができていないと、小隊長の死亡と同時に部隊の統制が利かなくなり、部隊は急激に損耗していきます。つまり、小隊員全員が小隊を指揮する能力を保有している部隊は、手強い部隊となります。

H2曹は、部隊の背後に回り込み、近い場所で射撃をしているのに見つからないのはおかしいのではないかという意見が出ましたが、風下から射撃をしていること、戦場騒音で発射音が消されてしまい聞こえないことがわかりました。

また、迫撃砲の射撃効果がほとんどないのは、審判が上手く稼動していないからではないかという意見が出ました。しかし、統裁部の火力審判部が、射撃を要求した位置と実際に部隊のいる位置を示しながら、迫撃砲へ射撃要求する敵の位置情報がまったく違うところを示している事実を示しました。目標位置と地図上の位置が合っておらず、地図判読の能力が低いことが判明しました。

それでも普段の訓練では、射撃要求をすれば、それ相応の損害を与えることができました。この緩い感じの訓練に慣れていたからです。さらに、訓練を積んでいる小隊は、迫撃砲で狙われて砲弾が落ちるまで同じ場所にいないようにしたり、敵から見つからない行動を徹底しているので、迫撃砲の砲弾が落下するときにはもう部隊がその場所にいなかったりします。敵が見つからないのでとりあえずあの辺りを撃てと射撃要求をしたりするのでは、命中させることはできません。

「あそこを撃て」と指示すればそれで射撃効果があったとみなされる訓練とは違うことを、全員が認識しました。つまり火力の重要性と射撃要求の難しさが全員に染み渡ったのでした。

さらに、小隊長はもとより、中隊長、連隊長レベルでは、実戦環境を創造して動き切る部隊を育成するため、リアリティーある訓練の実施を真剣に進めなければならないことを痛感しました。

各部隊の大きな驚きは、吉田連隊の編み出したH2曹を中心とした戦法の恐ろしさです。しかも、現時点では、どのように対応すればこの戦法を破ることができるのかまったく見当がつかない状態なのです。教範に記述されている攻撃要領を行うのが当たり前の各部隊に対して、突然、H2曹を中心とした戦法（新戦法）が出現し、まったく歯が立たず、部隊が壊滅してしまったショックは相当なものでした。

そして、この戦法を運用している小隊員のレベルまで個々の隊員を練成しなければ、まず勝ち目はないことを認識したのです。

従来の教範に準拠した戦い方では負ける。そのことを当時、強く意識したことで、私は後に連隊長を務めた40連隊を本当に強くしようと思い、最終的にＦＴＣ対抗部隊に勝つことを目標にすることにつながったと、今も考えています。

## 戦法は研究され破られる

第1回師団戦闘競技会は、安定した力を発揮できるベテランの小隊長が選手として選抜されて勝ち進み、若い小隊長は体力任せで詰めが甘く、誰も1回戦を突破できない結果でした。しかし、目の前に現れた全滅に追い込む新戦法に対する捉え方、受け入れ方、次の戦闘競技会に対するモチベーションは違っていました。

ＡＡＲが終了すると、ベテランの小隊長はこの戦法を破るのは至難の業ではないかという重い感じになっていました。しかし、20～30代前半の若手幹部は「面白い」、来年は必ず倒してみせるという感じで、目をキラキラさせていました。

つまり、ベテランは、新戦法（Ｈ戦法）を破るためには、かなり厳しい訓練の積み上げが必要であること、目指すレベルまでの練成の困難さがイメージできるためか、次は我々の手で倒すどころか、モチベーションが低下してしまいました。一方、若手は、「こういう戦い、訓練がやりたかったんです」と反対に燃え上がったのです。

師団戦闘競技会では、新戦法を各部隊へ公開し、新たな戦法の開発を促すことを狙いとしているため、Ｈ戦法は完全公開されました。各部隊ではすぐに対Ｈ作戦の検討が始まりました。検討を進めていくうちに判明したことは、この小隊は小隊員全員の体力と走力が高く、高度な射撃能力があることでした。

戦法を支えるには、個々の隊員の強さと厳しい訓練の積み重ねが必要であり、隊員１人１人が自ら情報を収集しながら、状況を判断して行動でき、変化に伴い行動を修正しながら動けるレベルまで練成して、初めて同じ行動ができることがわかりました。

さらに研究をしていくと、小隊長と同じ判断と部隊の指揮のできる隊員を多く作り上げ、小隊が敵の行動に対して柔軟に対応できるレベルまで練成してきたことが判明したのです。

このため、各部隊はまず、新戦法対処どころか、基礎部分の練成から始めなければなりませんでした。あわせて小部隊のチームワーク、班同士の連携訓練を重ねる必要がありました。さらに、新戦法に対応できる小隊長の選抜についても、従来の考えとは異なる基準で考えなければならないことがわかりました。

この結果、第2回戦闘競技会では、第1回戦闘競技会のベテラン小隊長は姿を消し、90％近くの小隊が若手の小隊長になっていたのです。

各連隊は、戦闘競技会に参加する小隊を選抜するため、連隊内でも小隊同士の対抗戦を行ってきました。その結果、体力と従来の型にはまった戦闘要領にとどまらず、新たなものを貪欲に吸収し柔軟な思考ができ、チャレンジ意欲旺盛な若手小隊長が、連隊内でベテラン小隊長を打ち負かして勝ち上がったのです。

各部隊が戦闘競技会の練成を進めているうちに、師団で一番強い部隊を決める第2回師団戦闘競技会の時期が近付いてきました。各部隊の若手小隊長は、チームワークを発揮して組織的な戦闘を可能にするため、戦闘に関する「ミーティングの積み重ね」→「検証訓練」→

「AAR」→「検証訓練」を繰り返しながら、H戦法を破る方法や新たな戦法を考えました。しかし、事前に戦法に関する情報が漏れないようにしているので、どのようなものが第2回師団戦闘競技会で出現するかわかりません。

師団戦闘競技会の創設者である師団長は退官され、第2回師団戦闘競技会は新師団長への交代後に行われることになりました。教育訓練というものを熟知した新師団長は、実戦的な戦闘競技に対する関心が非常に高く、自由対抗方式を取り入れた実戦的な訓練要領を、今後師団の訓練を進めていく基準にするよう指針を出すほどでした。

新師団長は、統裁部の本部テントの部隊配置モニターや現地のテレビ画像を見ながら、「やっとこの日が来たな、3部長!」と満面の笑みです。

「やはりH戦法を使う吉田連隊長のところが本命かな」と聞かれ、

「他の連隊は当然、対H戦法を準備しているので、隊員個々の強さとチームワークの勝負になるかもしれません。ある小隊は、正月返上で戦闘競技会に備えています。この小隊が気になります」と報告していると、運営を任せている日高1尉が入ってきて、

「予定通り第2回師団戦闘競技会の第1回戦を開始します」と報告しました。

## 第2回師団戦闘競技会開始

日高1尉から、

「両小隊ともH戦法を使う戦いです」と連絡が入りました。

第1回戦は、「元祖H戦法」対「H戦法を使う新小隊」の戦いです。小隊と小隊は、同じH戦法を使うので、同じ行動と速度で動いています。

映像を見ると、第1回戦闘競技会の教訓から、小隊長の無線機のアンテナは見つからないように布切れを巻いたり、アンテナを折り曲げ目立たないように工夫されています。

同じ戦法を使う両小隊は、有利な態勢をとるための部隊の配置の取り合いを繰り返しながら決まり手がなく、時間が過ぎていきました。

戦闘も散発的にしか起こらず、見ていると退屈な戦いのように見えますが、有利な態勢の取り合いで敗れた小隊が崩されるため、情報を収集しながら詰将棋のように、お互いの位置を修正しています。地味ですが、後手を踏んだ瞬間、勝敗の分かれ道となるため、両小隊とも敵に関する情報の収集と部隊に出す指示のための無線が鳴りっぱなしです。

動きは派手ではありませんが、終始空気が張り詰めている状態で、どこがターニングポイントになるのか、その駆け引きに思わず引き込まれてしまいます。

散発的な戦闘で終始した今回の戦闘結果は、両者十分に包囲の態勢をとれず、勝負がつきませんでした。勝敗を分けたのは、狩りをするために敵中に入っていく戦闘員の性能の差で、H小隊が勝利しました。H2曹の性能の高さといってもその差はほとんどなく、僅差でH小隊が辛くも掴んだ勝利でした。

「データ的には去年のH小隊の1・2倍の能力を持つまで鍛えたが勝てないということは、彼らはさらに訓練を積んだのか」と、負けた小隊の連隊長がポツリと言った言葉が、戦闘に勝利する厳しさを言い表す印象的な言葉でした。

H小隊の戦法は、味方が敵部隊を包囲した中に、H2曹1人で入り、狩りを行い相手部隊を全滅させるものです。その小隊は、去年のH2曹以上の性能を保持するため、マタギ出身の隊員を鍛えたのです。そして、お互いに包囲し合う中で一騎打ちをする戦法を作り上げてきました。

H2曹は昨年よりもレベルを1・2倍以上に上げていた分、昨年の1・2倍で設定したマタギ出身の隊員は敗れたのです。Hの進歩の度合いを計算していない、見積もりの甘さが敗因となったのです。

次の第2回戦でH小隊と戦う小隊は、25歳の若い小隊長の率いる小隊です。彼と演習場で会ったとき、

「今年の正月は皆でずーっと演習場で戦法を磨きました。次の戦闘競技会を見ていてください！」と、勇ましさを前面に出すことも力むことなく、嬉しそうにキラキラと輝きながら話してくれました。この若い小隊長がどこまでやるか見ものです。

そして競技開始から10分後、耳を疑う通信が入ってきたのです。それは若い小隊長率いる小隊の無線系からでした。

「H2曹ダウン」

こんなに早くHが倒されることはないので、当初、錯綜した現地から間違った報告がきたのかなと思うほどでした。しかし、日高1尉から、

「3部長、H2曹が若い小隊長の対H戦法に引っ掛かって倒されました」と報告がありました。声を聞いて、いつも冷静な男が興奮しているのがわかります。彼は、

「この小隊、とんでもないことをやっています」と言い、モニター室へ戻っていきました。

もし本当にH2曹がやられたとしたら、また、新たな戦法が作り上げられた瞬間だと思いました。

正月も演習場で訓練を続けていた若い小隊長率いる小隊（A小隊）は、H2曹の走力と戦闘能力を抑えるために当初3人でH2曹の狩り方（倒し方）を考えていましたが、何度、戦闘パターンを検証しても、H2曹を倒すことができないことがわかり、人数を増やしながら狩りのパターンの検証を繰り返し、小隊を練成していきました。

その結果、H2曹狩り部隊7名を編成し、H2曹が小隊長を狙うために接近する経路上において、相打ち覚悟で7名が次々に戦いを挑み続けてHを倒す戦い方を編み出したのです。H2曹を倒すために個々の戦闘能力を上げながら、チーム一丸となり、たとえ刺し違えても確実にH2曹を倒す要領を練ったのです。

そして、H2曹を倒すのに7名やられたとしても、H2曹さえ倒すことができれば、残った小隊員で敵を倒すことができるレベルまで、正月返上で訓練を積み上げてきたのです。

A小隊は、Hの動きを予想し、Hが網にかかるように待ち構えていました。H2曹は3人を倒しましたが、H2曹狩り部隊の4人目の網にかかり、競技開始10分程度でついに倒されてしまったのです。

「H2曹ダウン」。それは、統裁本部内で傍受しているA小隊の通信から小隊長へ報告された、正確な通信内容だったのです。

## 多くの戦法を駆使する部隊の強さ

Ｈ２曹を仕留めた若い小隊長が率いるＡ小隊は、次の準々決勝でどうような戦いをするか楽しみでした。強力な敵を撃破した部隊は、達成感と疲労が重なり、通常、集中力の低下と運動量が低下してしまい、あっけなく敗退してしまうことが多いからです。

ところが、３回戦でもＡ小隊は集中力の低下と運動量の低下の心配はまったくなく、さらに出力を上げ、真の強さを開放し始めたのです。

Ｈ小隊が行う戦法は、包囲した中に入るのはＨ２曹１名だけですが、Ａ小隊はＨ２曹役を２名に修正した戦法を使用しました。戦闘結果は、相手小隊を包囲しながら２名の隊員が狩りを行い、対戦小隊を全滅させてしまいました。

準決勝ではさらにギアを切り替え、戦法がまったく変わりました。相手はＨ戦法の修正でくると考え、対Ｈ作戦で対応しようとしましたが、Ａ小隊は正確に相手の位置を掴み、小銃、機関銃の直射火力ではなく、迫撃砲の曲射火力による射撃によって敵を撃破する戦法に切り替えたのです。予想していた動きをしない部隊と曲射火力を指向された相手小隊は、完全に裏をかかれた状態となり、混乱してしまい統制がとれなくなってしまいました。

Ａ小隊は、Ｈ戦法、対Ｈ戦法、Ｈ戦法の２人バージョン、曲射火力を主体にした戦法と、多くの戦法の引き出しを準備していたのです。さらに、正月を返上するほどの厳しい訓練によって、どの戦法を使って戦ってもチャンピオンになれるレベルまで練度を高めていたのです。

Ａ小隊と決勝戦を戦うＢ小隊も、圧倒的な強さで戦う部隊を全滅に近い状態にして勝ち上がってきました。Ｂ小隊の小隊長もまた若い小隊長で、小隊長の判断能力と隊員のレベルの高さはＡ小隊と同レベルです。

決勝戦は、味方の位置を正確に把握し、敵部隊の位置をしっかり掴み取り、相手の迂回攻撃を封じたり、敵を引き込んで砲迫火力を撃ち込んだり、正確な射撃で倒すなど、両者の力が均衡し、戦力の削り合いが続きました。

小隊には３個の班があり、班長が部隊を率いて現場で戦闘を繰り広げます。班長は戦闘のプロであり、班を引っ張る原動力になります。しかし、戦闘が続いていくうちに、重要な役割を果たす班長が両方の小隊で戦死していきました。そのあとを継ぐ副班長も重傷や戦死となり、班のリーダーは班長から副班長へ、副班長がやられると次は１組長、２組長へ指揮権を転移させます。

この「指揮の転移」がどのレベルまでできるかで、部隊の強さが決まります。

A小隊は、組長が班の指揮をとっても自由自在に動けるまで訓練をしていました。組長が班のリーダーとなって班長と同様の行動がとれるA小隊に対し、B小隊の組長は、副班長までの指揮はできるものの、班長としての部隊運用能力が不足していました。この差が戦闘結果に反映されました。B小隊は、班長損耗後、指揮命令が徹底できず、部隊行動がとれず各隊員がバラバラに戦う状態になったのです。A小隊は、引き続き組織的な戦闘行動を継続し、B小隊の損耗が急激に増えていきました。

指揮官が戦死した場合、隊員はどのレベルの部隊まで指揮をすることができるかが、勝敗を決定したのです。隊員個々の指揮能力向上まで訓練を積み上げ高めていたA小隊は、実戦で真の強さを発揮する小隊といえます。

このように「常に戦いは進化している」、「進化しない部隊に勝利はない」こと、そして、戦法を多く保有し、状況に合わせて使うことの有効性を示したのが、戦闘競技会でした。そして、A小隊のようなレベルを保有する部隊を練成することによって、無敗を誇るFTCの対抗部隊を打ち破れるのではないかと確信したときでもありました。

さらに、戦闘競技会から、実戦に強い部隊とはどのような部隊か、私の心に深く刻み込まれたのです。戦闘競技会後、私は福岡県北九州市小倉に所在する第40普通科連隊へ異動となりました。

第❶部　戦法開発編

# 第3章

# 無敗の部隊との戦い

## 敗戦濃厚のクルスクの戦いへ臨むドイツ軍と同じ部隊を見る

私が第40普通科連隊（小倉）へ着任してすぐに、ＦＴＣ訓練へ参加する計画になっていました。各普通科連隊は、2〜3年の間隔でＦＴＣの対抗部隊と戦える訓練の機会が回ってきます。

ＦＴＣ訓練は、ＦＴＣの対抗部隊と実戦に近い状態で戦闘を行うことによって、各部隊の訓練レベルを把握し、改善すべき部分を認識することにより、事後の部隊訓練へ反映させることを目的としたものです。

しかし、訓練の目的は理解できるのですが、参加部隊は陣地攻撃が成功しないどころか、ほとんど戦力がなくなる全滅状態になってしまうところに疑問が生じます。訓練を行う部隊のレベルがあまりにも低すぎるのか、陣地攻撃の指揮手順や攻撃要領に何か問題があるのでないかと考えました。8師団3部長時代も、師団内の部隊からＦＴＣへ参加していたのですが、毎回、敵陣地への突入の段階で全滅に近い状態になっていました。

何はともあれ、並大抵のことではＦＴＣを倒すことはできない現実があります。

早速中隊長を呼んで、実戦的な戦闘行動を徹底するように指示を出したのですが、10日後、中隊のＦＴＣ訓練を確認にいくと、いつもの訓練をただ流しているだけの光景が目の前にありました。

怒りを抑えて

「勝負は、少しでも手を抜いた方が負けるよ」と言うと、

「わかりました」と返ってきますが、勝つのが目的ではないのがＦＴＣ訓練なんだし、必死になることもなく、こなせばいいのではないか、と中隊長の心が言っているのがわかりました。

実戦で多くの部下が犠牲になる典型的な部隊が目の前にありました。

このとき、ＦＴＣを倒すためには、まず、幹部からＦＴＣと戦える精神、意思を持つようにするところから始めなければならないことを実感しました。

このような状態では、10日後にせまった北富士地区への出発までにＦＴＣ参加部隊を勝てるレベルにすることはできません。ＦＴＣの部隊と互角に戦うのは到底無理な状態です。さらに、訓練はちょっとやれば急激にレベルが上がるような甘いものではありません。

できることは、隊員に勝ちを追求する心を少しでも伝えることだけでした。現在の意識と訓練のレベルでは初日で戦闘訓練が終わる＝全滅の状態です。部隊を送り出す前から悲しくなります。

形だけの訓練をするだけで、あっという間に10日間が過ぎてしまいました。私は、部隊が戦場となる北富士演習場へ車両や装甲車で前進するのを、道端に立ち1人1人に敬礼をして見送りました。

第二次世界大戦時のドイツとロシアの戦車戦で有名なクルスクの戦いで、ドイツ軍の戦車が戦場へ前進していくのを見送っていた指揮官の気持ちが理解できた感じがしました。ドイツの現地指揮官はやれば負けるのがわかっている戦況で、クルスク戦のため、大草原の中をドイツ機甲部隊が前進していくのを悲しそうな後ろ姿で見送っている1枚の写真と、今自分が見ている状況が重なったのです。

指揮官として、負けるのがわかっている戦いへ部下を送り込むことほど辛いことはありません。絶対やってはいけないことです。着任早々悲しい状況を経験することになりました。そして、部下の中隊長がそう思っていないところが、私の心をさらに沈ませました。

## 白帯の小倉と黒帯のＦＴＣ

さて、北富士に着きました。まだ、戦闘は始まっていませんが、戦闘競技会レベルの部隊にして武道の5級レベル、個人の射撃能力・戦闘技術を上げて4級レベル、戦車と対戦車ミサイルの火力の組み込みができて3級レベル、砲迫火力を目標に誰でも誘導できるようになって1級、見つからないで敵を見つけるレベルで黒帯の初段程度でしょう。一方、FTCは2段に近い実力なので、さらにすべきことを考えなければなりませんでした。

それはFTCを陣地攻撃で追い詰め、塹壕戦になったとき、必ず敵を仕留めるための至近距離の戦闘、特に市街地戦闘スキルや、敵に見つからずに敵を発見して倒すスキルです。まだまだこれからやることがあるなと考えながら、戦闘全般の状況を把握できるFTCのコントロールセンターに行くと、防衛大学校時代のクラブの先輩のセンター長が

「今回はどうだ。やれそうか」と声をかけてくれました。

「初日を持つか持たないかです」と答えると、

「やる前から、いつまで持つかを話す奴は初めてだな。訓練してきたんだろう?」と言われ、

「根本からやり直しますので、また機会をください。現在、FTCと互角に戦う戦闘能力はまったくありません」と話すと、

「お前らしいな。もしかしたら、小倉の部隊によってFTCは将来苦戦するかもな」と笑いながら、まあ座れと温かく迎えていただきました。

しばらくすると、

「状況を開始しよう。小倉部隊（40連隊の増強1個中隊）の戦いを見せてもらおう」とセンター長がいうと、次々と「状況開始」とコントロールセンターから戦闘部隊、現地指導員へ状況開始の指示が流されました。

小倉部隊は、計画に基づき前進を開始しました。斥候を前方に出しながら安全を確認しつつ、敵の位置を確認するため、中隊長は用心深く前進しています。前方に部隊の前進を妨害するために適した小高い台や地隙を通過しなければならないような地形を斥候に確認させながら、部隊の前進を指示している中隊長の無線がコントロールセンターに入ります。

「何だ、基本的なことをしっかり訓練しているじゃないか」とセンター長が言ってくれますが、形ばかりの訓練しかしていないので、実力が露呈するのは時間の問題だと思い、喜べません。

しばらくするとＦＴＣの配置した潜伏斥候によって、部隊の位置を把握されてしまいました。「停止中の敵歩兵部隊へ射撃要求。座標○○」と目標の状態と正確な部隊位置を評定され、潜伏斥候から火力要求が行われました。

「射撃開始」の無線が入ると、ＦＴＣの砲迫射撃が開始され、砲弾が小倉部隊へ正確に吸い込まれるように命中します。斥候の偵察結果を待って移動しようと部隊を停止している状態にＦＴＣの砲迫射撃を受けたため、被害が広がっていきます。砲迫の射撃から損害を回避するため、各隊員は猛ダッシュで着弾点から離れていきます。

砲迫射撃が終了すると、引き続き前進態勢をとるため、バラバラになった部隊を掌握し部隊行動をとろうと停止しますが、そこにまた砲迫射撃が降り注ぎます。この状態を繰り返して混乱状態を伝える無線を聞いていると心が痛みます。

このパターンで何回も戦力を削られるのを画面で見ているとき、センター長へ「もう終わりにしたい」と言おうと何度も思いました。敵を見つけることもできない状態でで、４分の１以上の戦力を消耗していました。これ以上損害を受けると攻撃のできる状態ではなくなります。ただ、ＦＴＣの練度（レベル）を正確に把握し、部隊をどのレベルまで練成しなければならないか、ＦＴＣを撃破する戦法を案出するために、ここは堪えて、最後まで子どもと大人の戦いに近い戦闘を見ることにしました。

３科長の石田恭二３佐が

「やっぱり地形を知っているのは強いですね」と言いました。

地形を知っているから強いということは間違いではありませんが、ＦＴＣの強さの本質ではありません。石田３佐もわかっているのですが、黙って見ていることが苦しくなり、何か口に出さないといられなかったのだと思いました。

「地形がどうこういう前に、弱すぎる。我々を恥じて反省し、実戦に通用する強さを追求する訓練を速やかに始めよう。どうせ今夜ギブアップだ」と言うと、石田3佐も相当悔しかったのか、これからの対ＦＴＣ訓練スケジュールを作り始め、訓練計画、演習場の確保、連隊本部各科へ連絡、指示を出し始めました。

夜間になっても、小倉部隊は常に複数のＦＴＣの追尾斥候により、部隊が静止するたびに砲弾が落下して損害が膨らむ状態が続いています。バラバラになった部隊を暗闇で把握するのに時間がかかり、やっと集まったところへまた砲弾が降り注ぎます。ＦＴＣ部隊を捉えることができない状態で、昼以降、砲迫射撃を繰り返し指向されているので、部隊の士気は低下し始めています。さらに、砲弾の回避行動を繰り返しているため、隊員の疲労度は思った以上に増しています。

攻撃のために敵陣地の偵察へ行った小倉部隊の斥候は、全員ＦＴＣの斥候狩りの部隊にやられてしまい、誰も帰ってこない状態です。斥候が戻らないと、敵に関する情報や攻撃のための前進経路の確認ができません。敵の陣地の位置、配備状況、障害の位置も不明のまま、安全な前進経路の確保もできないまま、翌朝の攻撃を行うことになります。

この時点で、無理に翌朝攻撃すれば大損害を受けることは明白です。攻撃する前に負けがわかっていて、わざわざやられるために攻撃をする状態といえます。

夜が明けない暗いうちに、攻撃準備を行った地域から攻撃開始の態勢をとるため、行動を秘匿しながら前方へ移動します。攻撃開始の体制をとる場所で、小隊は現地における命令を示したり、地形と敵の状況を実際に確認しながら、「攻撃開始」の命令を待ちます。

攻撃を準備する地域も敵に見つかりにくい場所に設定し、命令を示したり、地図上で攻撃要領の最終確認を行いながら、短い仮眠や食事をとり、体力の回復をします。しかし、追尾斥候によって、攻撃準備地域の位置を把握されているため、砲弾が正確に指向され、攻撃準備どころか、そこでも回避行動をとらなければならない状態になっています。

敵情もわからず、食事や休憩もできず、戦闘予行も十分に行わない完全な準備不足の状態で隊員の損害が増えます。このとき、普通科部隊だけでなく、陣地の前に構築した地雷原を処理するための施設部隊が、ＦＴＣの砲迫の射撃目標になります。施設部隊は、地雷処理の機材を保有しているため、施設器材を展開している場所や積載している大型車両を破壊されてしまうと、陣前に構築された地雷の処理が十分にできない状態に陥ります。

攻撃側も攻撃準備射撃を行い、砲迫射撃によって敵陣地を制圧しようとしますが、斥候を全員仕留められているため、敵の正確な位置がわからず、ほとんど効果がありません。

障害処理も十分にできず、敵の陣地の位置や配備状況もわからず、敵が待ち構える場所へ突入すればどのような状態になるかは明白です。「もう結果はわかっているので、止めさせてもらいたい」と思っていると、センター長が

「せっかく九州から来たから、突入までやらせるから」と言い、攻撃は続行することになりました。

やっても全滅が待っているだけですが、最後まで経験したことによって、これからの部隊訓練の指針となる重要なことを確認する価値はあると思いました。

ＦＴＣの驚愕するようなレベルの部隊行動を見ることができたからです。ＦＴＣのレベルは考えていた以上に高く、実戦的な訓練をしていることがわかり、並大抵のレベルでは太刀打ちできないことがわかったことは大きな収穫となりました。

## 驚愕の訓練レベル

攻撃する部隊は、防御を行う部隊よりも大きな戦力を持ち、攻撃する時期と方向を自由に決められ、主導性を発揮することができるので、優位な状態にあります。一方、防御を行う

部隊は、正面から攻撃してくるのか、右翼または左翼から攻撃してくるのか、大きく後ろに回られ真後ろから攻撃されるのかわからないため、どこから攻撃されても大丈夫なように部隊を薄く全周に配備します。これを補強するのが地雷原や鉄条網です。

防御は、待ち、受け身の状態で、敵はいつどこから攻撃してくるかわからないため、部隊を分散配置し、敵の攻撃方向判明に伴い、分散配置した部隊を敵が集中する場所に移動させ、陣地と障害を活用し敵の戦車や部隊が展開できないようにしながら、局地的な戦闘力の優勢な状況を作ることによって攻撃部隊を阻止します。

しかし、攻撃側は自由な方向から攻撃でき、防御側よりも戦闘力の集中が容易なため、通常、攻撃側が有利となります。

ＦＴＣ訓練では、演習場の地積（大きさ、広さ）の関係から、大きく迂回したり、包囲し敵の準備不十分な弱点を攻撃する訓練はできません。訓練は、敵が準備した陣地に対する戦闘力を集中した攻撃場面に限定されます。

敵が準備したところに攻撃する訓練の建て付けのため、攻撃方向を自由に選択できる攻撃側の主導性は減少します。しかし、攻撃部隊は、防御部隊の3倍の戦闘力を保有しています。戦闘力を防御部隊へ集中することができれば、力で防御部隊の陣地を突破することが可能となります。

防御を行うＦＴＣ側から見れば、攻撃側の優位な状態で戦闘力の集中発揮をさせないことが防御部隊としての勝ち目となります。このためＦＴＣは、攻撃部隊が防御陣地へ前進する間に、潜伏斥候や追尾斥候によって、味方部隊の損害を限りなくゼロにしつつ、砲迫射撃や長射程の対戦車ミサイルを活用して徹底的に攻撃部隊の戦闘力を削り取る戦いを行う必要があります。

次に、ＦＴＣは攻撃部隊に戦闘力の集中発揮をさせないために、攻撃部隊に情報を獲得させず、攻撃部隊の戦闘力の組織化を困難にするための戦いを徹底して行います。その主要なものは、徹底した斥候狩り、攻撃開始までに最大の脅威となる戦車の撃破、陣地の前に構築した地雷原や鉄条網を処理する部隊の撃破、火力要求を行う特科部隊のＦＯ（前進観測者）や各部隊の主要幹部の要員を倒すための処置、攻撃準備行動の徹底した妨害などで、計画的に、正確・確実に実施されます。ＦＴＣを倒すには、戦力を削り取る対抗策が必要となります。

ＦＴＣのこうした各種対抗手段についての情報は今回取れたのですが、小倉部隊が突入するときにＦＴＣ部隊が見せた動きは、初めて見た実戦で本気モードで使用した動きでした。これを見落としていたならば、ＦＴＣの各種対抗策を封じ込んでも、陣地攻撃の後半の重要な戦闘場面で逆転される可能性がありました。

その動きとは、「配備変更」でした。防御部隊は、陣地による阻止火力と迅速な配備変更により局地的に攻撃部隊よりも戦闘力を集中させ、攻撃部隊の攻撃を跳ね返します。

例えば、敵1個小隊（30人程度）が攻撃するところに、防御側は5人しか配備できていなければ、人数的に陣地を確保し続けるのは難しい状況といえます。このような状態のとき、配備変更を行います。

配備変更は、防御側5人の陣地地域に隣の陣地の人員を数名移動させたり、別の小隊の1個分隊を増援のため移動させる行動です。敵の戦車の排除が必要ならば、戦車の陣地変換や対戦車火器の配備変更も行います。

配備変更は、他のところに配置して戦闘している部隊・隊員を引き抜き、戦闘間に陣地変換させ、新たな陣地に配置します。敵1個小隊の攻撃部隊に対して、防御部隊の人員を20人に増加させたり、戦車を移動させることによって、その場所での局地的な戦闘力の優位な態勢をとり、攻撃部隊を各個に撃破することが可能となります。

もし敵がどこから攻撃してくるかわからないならば、防御部隊は攻撃部隊よりも少ない戦闘力を攻撃部隊の集中する場所へ迅速に投入して戦闘しなければ、防御陣地は破られてしまいます。

防御の勝ち目は、陣地による阻止火力と、もう1つが配備変更による戦闘力の集中なのですが、各陣地で戦闘をしている状況で、配備変更の人員を引き抜き、弾の飛び交う戦場を移動し、知らない場所の陣地も不十分な状態のところで、新たな指示を受け戦闘を行うことは、相当な訓練をしていなければできません。言葉では説明できますが、実戦でこの行動をとるには、かなりの戦闘技術のレベルが必要となります。

配備変更はこれまでなあなあの感覚で、防御準備がほぼ完了するときに行わなければならないものとして、実戦ではないため「手順と約束動作の確認」という位置づけでやっていますという感じで行う程度でした。緊迫感はなく、淡々と進めるか、見せるための劇のようなものになりがちでした。

FTCは、配備変更を戦闘中に歩兵を徒歩、装甲車によって自由自在に行っているのです。戦車も陣内を移動しながら防御部隊の危険な状態を排除していました。実戦に近い環境でここまでの動きができるということは、1人1人が必要な情報を収集し状況を判断でき、行動を修正しながら戦える能力があるということです。さらに、部隊全員で何度も何度も訓練で上手くいかなかった部分の改善を話し合い、修正を続けていなければ、ここまでの動きはできないのです。コントロールセンターでは、配備変更のためのＦＴＣ防御部隊の無線による指示と報告、画面による部隊の動きを集中して見ていました。

小倉部隊は、敵陣地へ突入するときには、ほとんど戦力を消耗している状態でした。「突入」の命令がコントロールセンターの無線に入ると、隊員は立ち上がり、地雷原を通過し陣地へ突入しようとします。その直後、突入のたびに撃たれ死亡していく小倉の隊員をコントロールセンターの画面で確認できました。５分で１個小隊、10分で２個小隊が全滅していました。

「そろそろ終了でいいかな？」とセンター長からあり、もう見るに忍びなく、

「ありがとうございました」と答えました。

「どうだった」と聞かれ、

「配備変更がすごいです。予想以上に強い部隊だと思いました」と答えると、予想していた答えと違う言葉だったようでした。

「配備変更のレベルがわかったのか」と、センター長は小さい声でポツリと言いました。

ＦＴＣの対抗部隊は、予想以上の戦闘技術のレベルであることがわかりました。そして、このような実戦的な訓練を積み上げているので、さらに戦闘技術は進化していくのは間違いないと感じました。

「帰ったら、すぐに訓練を開始しよう」と3科長に言うと、
「やりごたえのある目標ができて嬉しいです」と返ってきました。
この石田3科長の強さに、私は嬉しくなりました。

第❶部 **戦法開発**編

# 第4章

# 「40連隊に戦闘技術の負けはない」始動

## 戦闘に対する意識改革と戦闘用身体能力の向上

歴代無敗を誇るＦＴＣよりも強くなるには、40連隊全体を強化する訓練を始める前に、実戦においてあくなき強さを追求する中核要員から集め、育てなければなりません。中核要員は、特に価値観の高い人物が必要であると考えました。高い価値観を持つタイプは、高い吸収力と定着度を持っており、これから全国の高い戦闘レベルを有する部隊から学び、普及するのに必要な人物だからです。そして、常に真剣勝負で挑む、本気モードで訓練に臨む隊員を連隊内から探し出して、インストラクターにしようと考えていました。

３科長の石田３佐が

「インストラクターは、階級がある程度必要ですか」と聞くので、

「腕が良ければ、陸士でもインストラクターとして部隊を訓練して構わないよ」と答えると、

「隊員が喜びます」と言い、企画部門の第３科へ指示を出しに戻っていきました。

目標を達成するための行動は、素早く１歩を出すことが重要であると考えました。躊躇していると出足が悪くなり、実施すること自体を重荷に感じたり、恐れるようになるからです。

早速、連隊朝礼において、「今後、訓練をするとき、そこにいるメンバーで階級に関係な

く戦闘技術の一番高い者が教育訓練を行うこと」、「射撃では基本射撃、戦闘射撃、至近距離射撃、機関銃、小銃に区分し、それぞれインストラクターを育成すること」、「爆破技術、偵察、火力要求、ロープ技術などに区分してインストラクターを養成すること」の3点を示しました。

常に「誰が強いのか、何をすれば強くなれるのか」をスローガンとして、形ではなく実戦に強い部隊を全員で目指すこと、AかB、どちらをするか迷ったら、たとえ厳しい道でも強くなれる方を選択すること、強くなれるならば、迷うことなくAもBも選択し、両方身に付けてしまうことを判断基準として進めていくことを話しました。

さらに、話をする機会があれば「誰が強いのか、何をすれば強くなれるのか」について、話の切り口を変えながら伝えました。というよりも、納得するまで熱く語り続けました。

実戦に強いというと、勇ましさや大胆な行動をイメージしがちですが、実戦で生き残る戦闘員とは、地味で、動きが小さく、反復した行動をどんな状況でも行う我慢強さを持つ者で、用心深さと精神的な強さ、これを支える体力を身に付けている戦闘員だけが任務を達成することができるのです。

戦闘は、食事も十分にできない状態で戦闘が継続する場合や、何も動きのない時間が延々と続いている状態で、突然戦闘が発生し10~30秒で終わり、そして静かな時間が戻り、また、戦闘が始まると一瞬で片が付いてしまう場合などさまざまな状況があり、このシビアな状況に耐え、粘り強く戦い抜かなければならないのです。

さて、実戦を戦い抜くには、まず戦闘を支える体力が必要です。ジョギングのような運動ではなく、戦闘に必要な体力を作り上げるため、体力練成を根本的に見直しました。重量物を背負い長距離移動できる基礎体力、戦闘に必要な体幹作りなど、戦闘に必要なメニューへ変更して、バランス良く、そして腹筋と背筋をしっかり作ることを重視しました。ジョギングのような運動に訓練時間を割くことは止め、トレーニングは、連隊統制で行うことに変え、休憩を入れない訓練で必要な体力や集中力を養い、不足しているところは各人で補強することにしました。

連隊統制のトレーニングは週2~3回、時間は1時間とし、終わった後は四つん這いになるほど全力で力を惜しまないようにするトレーニングです。連隊の体育インストラクターが年齢と能力別に区分し、科学的に身体能力が向上するように、故障しないように行ないます。

連隊統制のトレーニングは、部隊の事務室の電話番を除き、全員が実施することを命令として示され行う体育です。この運動を週3回行っているうちに、いつの間にか「虎の穴」と皆が言うようになりました。

新隊員との懇談の機会があったとき、何が一番きつかったか、あるいは、どんな苦しいことがあるか聞いてみました。もちろん「虎の穴」をどう思っているか確認したかったからです。新隊員は、言いたいことがあるのに、なかなか言い出せずお互いが顔を見合わせているので、「どんなことでもいいよ」と言うと、リーダー格の隊員が言いにくそうに、

「虎の穴は強くなるために必要なのは皆理解できるのですが、体力ができていない私たちにとって、虎の穴のインストラクターが行う体育が厳しくて、苦しくて毎週泣きたくなります」

と話してくれました。

弱音を吐かない新隊員でも泣きが入っているのが確認できました。

強くなりたい欲求があるのと本気で取り組んでくれているのに感謝をしつつ、

「この体育をしている者としていない者とではどちらが強いのか」と問うと、

「している者です。でも身体が疲れてしまい外出もできません」と、情けないことを言っていることを恥じながら話しているので、本当に辛いんだなとわかります。

「若いときは杉がグングン真っ直ぐ伸びるように成長する時期なので、1ヵ月も我慢していれば、慣れてくるから大丈夫だよ。これから身体がみるみる強くなるのが自分でわかるから、それを楽しみにやったらいいよ」と話すと、少し和らげてくれるかと思っていた答えと異なっ

ていたようで、新隊員の目が点になっていました。

このように隊員の疑問に、私なりに答えながら、話を聞き、対話しながら進めるように心掛けました。

そして、2ヵ月が過ぎると、新隊員の身体は見ただけで逞しくなっているのがわかるようになりました。さらに、新隊員は疲労回復も早く、時間があるときは自分で身体を鍛えるまでになっていました。あのときの泣きはどこへ行ってしまったのか。体力ができてくると、やらされているのではなく自らがやるという、気迫のある「虎の穴」に進化していきました。

肥満の人間は、今までは恥ずかしいので運動のときは隠れていましたが、科学的なトレーニングをレベルに合わせてやるようにしているので、皆の目に触れるように運動するようになりました。歩くことから始めた人間が、走れるようになってくると皆が応援したり、努力を称えます。チームとしての一体感も生まれ、本人も体形が変化することを実感し始め、皆で頑張る空気が広がっていきました。

基礎体力と、重量物を背負って歩き続けてもへこたれない身体を作るため、「虎の穴」で背筋と腹筋を徹底的に鍛えました。そうして半年が経過すると、変化が実感できるようになりました。身体が強くなると我慢強くなり、精神面も強くなり、戦闘用の体力向上と精神面の強さが身に付いてきたのです。

戦闘の間、隊員は、厳しい状況と疲労の中、頭をクリアにして常に冷静な判断と自己コントロールを求められます。行動が雑になったり、我慢ができなくなった方が、弱点を晒してしまうのです。常に周囲への警戒と危険を感じるレーダーを回し続け、瞬時に集中し、素早い判断と行動、精神的な強さと我慢強さが求められます。

「虎の穴」によって、体力の向上だけでなく、精神的な強さと我慢強さがあわせて強化されることがわかりました。そして今までやらなかったり、やる必要もないと考えていたことをトレーニングするようになりました。

例えば、コーヒーを一口飲むのにカップを持って、カップを口まで運び、一口飲んでカップを置くまでの間を5分かけてやる動作にチャレンジするようになったのです。彼らはゆったりと小さく滑らかな動きを行い、集中力と我慢強さを身に付けることを日常生活の中にも取り入れながら、強くなっていきました。

この動作は、敵に見つからないように、暗い背景を選定し背景に溶け込み見えないような動きを続けながら、敵を見つける行動に役立ちます。ちょっとした隙や基礎動作を行わなかったミス、我慢できなくなって雑な行動をすると敵に発見され倒されてしまいますが、ゆったりと小さく滑らかに動き、集中力と我慢強さを身に付け、基礎動作を確実に行いながら行動できるようになると、見つからずやられないようになります。さらに今度は、雑になった行動をする敵を発見して倒すことができるようになります。

戦闘では、敵を倒せる場所と機会を求めて、お互いに射撃のための位置取りの動きと見つからない動きを延々と行います。静かな時間が続き、数秒から数分の砲撃か射撃により戦闘は終了します。射撃レベルや戦闘レベルが高ければ、より短い時間で仕留められます。戦闘が終了すると、すぐに移動を始め、次の優位な位置取りをするための行動を開始します。現場付近に滞在する時間は最小限にして、動きを見えないようにします。

個々のちょっとした不注意や気の緩みが、部隊に大きな損害をもたらします。例えば、双眼鏡に当たった太陽光の一瞬の反射や不自然な音、タバコの火と臭い、稜線に身体を出した不用意な動きから、部隊の全体の動きを敵に教えてしまい、火力を指向され倒される可能性が高くなります。

基礎動作を確実に行い、集中力と我慢強さを実際の戦闘行動に結び付けることによって、隊員は実戦で粘り強くなり、強さを発揮できるようになります。

組織を強くするため、人材育成は非常に重要です。

40連隊は、歴代の連隊長が継続して人材の育成をされていたことが、連隊長着任時の最大のプレゼントになりました。他の部隊では中隊に幹部が3名配置できたらいいといわれていたのですが、私の着任時、各中隊には幹部が6名程度配置されていました。毎年幹部候補生から幹部になった若手幹部を人事調整によって確保したり、防衛大学校や一般大学出身の幹部を毎年配置していたからです。若手の幹部の団結と躍動感あふれる行動を目にしたとき、大きな驚きを感じました。

他部隊は幹部が不足していて、幹部の代行を陸曹が担任している状態でした。陸曹の小隊長が多くいるのが普通の状態でした。ところが40連隊は若手幹部が充実し、躍動感あふれている状態なのでした。これだけの幹部が揃っていれば、部隊を強くするためには十分です。

前連隊長とその前の連隊長は陸幕で人事部に勤務された経験があり、いかに動ける組織を作るか、6年から10年先を見ながら、時間と手間のかかる人材育成と人事調整をキチンとやられていたのです。前連隊長からの引き継ぎの言葉は、「いつでも爆発するような部隊になるところまできているので、次頼むぞ」と言われました。次の者、将来に対する先行投資をする重要性を申し送られた瞬間でした。これ以上のものはないほどの素晴らしいプレゼントに感謝しました。

人材が揃っているのを確認できたので、次は部隊・隊員同士の信頼感と一体感を高め、組織としての強さを発揮するようにしなければなりません。そのために、昼は職場で、夜は連隊長官舎で「明日を語る会」と称し、皆でアイデアを出し合いました。

中隊長や主要な幹部と何度も話し合い、「チームワークが抜群に良く、誰とでもすぐにチームを組めるレベルのメンバーが実戦モードの訓練を徹底的にやり、とことん強い」中隊を目指す。そして、自分も中隊長になって指揮をしてみたいと思うような訓練や生活をすることが若い優秀な陸曹に火を付けるという結論になりました。

陸曹が部内選抜幹部候補生を目指したくなる部隊を幹部全員、連隊全員で追求していくと、毎年3名程度だった部内幹候合格者が、5名、7名と増えていき、私が連隊を離任するときは何と9名の合格者を出すようになりました。合格したメンバーが次の若手に勉強を教えたり、心の持ち方や考え方を伝える勉強会が中隊の垣根なく行われているので、中核メンバーが幹部候補生になって転属しても、次の世代が彼ら以上に力を付け、モチベーション高く中隊で活躍しながら次の若手の勉強会を行い、続々とやる気の高い陸曹が増えます。

陸曹の若手が手間と時間のかかる難しい人材育成に対して充実感を持ち、ときには楽しくなる感じで行っているのに心を打たれます。

勤務したい環境を作ると陸曹は、さらに良い環境を作るため、服務事案や統制においてやってはいけない事だらけになったり、縛りがきつくならないように、皆で過ごしやすい環境を維持する努力をします。これは、陸士でも同じでした。各中隊の先任陸士長が話し合いながら自ら考え、行動しながら進める努力をしていました。

そんな中で、すごい男と出会いました。

北九州小倉駐屯地では単身赴任だったため、官舎のスペースを使って飲みたい酒とつまみを持ち寄って、毎晩のように「誰が強いのか、どうすれば強くなれるのか」を話し合い、明日からもやるぞーと盛り上がる「明日を語る会」をしていました。できるだけ多くの隊員の話を聞きたいと思い、若手幹部から始まり、中堅陸曹、初級陸曹と杯を交わし、楽しく居心地の良い空間を作ってもらっていました。

3科長の石田3佐からこの男に一度会ってみてくださいと、中級陸曹で連隊をけん引しているメンバーを揃えてくれたときでした。服装はラフでリラックスできる服装で来てほしいと伝えていましたが、この男はビシッとしたスーツ姿で現れました。

スーツ姿の男は、火炎放射器を持ち歩いて周りに火を付けて回る感じの男でした。見た瞬間に自らが燃え上がり、周りのメンバーの心へ火を付けるタイプの人物でした。どうしてスー

ツを着ているのかと聞くと、

「初めてお伺いするのでこの服装で参りました。失礼します」と答えたこの男は、小林2曹と名乗りました。

彼はすべてに全力を尽くし、チャレンジを止めない真っ赤に燃える炎のような男でした。このタイプは組織にとって大切な人材です。

「人質救出」の話になり、小林2曹が今の訓練は生ぬるいですと話し始めました。

「各国の特殊部隊はもちろん、自分たちも射撃技術が高くなっているので、犯人が人質を取って後ろから顔を出した瞬間、敵を正確に撃ち抜くことができるので、本格的な敵は片方の目が前から見えるかどうかぐらいにしか顔を出しません。このため、射撃機会が少なく、より高い射撃技術が必要です」と話しながら、一緒に飲んでいる中隊長に
「すみません、ちょっといいですか」と言って、人質役にして手荒く引きずり回したり、盾にしたりして見せます。

「中隊長、暴れてみてください」と言い、中隊長が暴れようとすると、足をかけて倒しながら撃たれないような行動を見せてくれます。

「自分が犯人だったら、人質をこのように扱います」と言いながら、中隊長がタップ（参っ

たの合図）するまで首を絞めていました。

彼は
「本物の高い戦闘技術を持った敵を想定した訓練を行い、敵のレベルをどんどん上げていく必要がある」と熱く語ります。

「どっちが強いのか、どうすれば強くなるのかです」と、真剣でしかも可愛げのある顔で言うところも面白いなと感じました。

小林2曹は、常に実戦の状況の中で敵を倒す戦闘技術を磨く求道者のような男でした。

「私は、いつ出動してもいいように、2日分の新品の下着や必要な装具を準備しています。今行けと言われればすぐ出発をします。厳しく難しい任務を達成するには、レベルの高い、本気モードの訓練と強い精神が必要です。生ぬるい訓練は時間の無駄だと感じます」

そして彼は続けてこう言い切りました。

「ちょっとやそっとではやられませんが、いつ、死んでもいいように遺書を書いて準備しています」

この連隊には核弾頭のような男がまだ山のようにいるんだなと思って毎晩飲んでいましたが、小林2曹という男はリーサル・ウェポン級です。さらに、彼を慕う若い隊員が多く、小林2曹のような陸曹になりたいと若い陸士は胸を躍らせながら話します。

そして、彼が幹部候補生の試験に合格したとき、小林2曹のように幹部になりたいと彼の背中を追いかけ、連隊で9名の陸曹が幹部の試験に合格したのです。連隊で通常1年に1名か2名合格するかしないかのところです。毎晩小林2曹が若い連中に勉強や心の持ち方を教えた結果でした。

人材育成にも火が付いてきました。

## 訓練の質と量を2〜3倍へ

連隊独自の訓練に割り当てる時間は、他の部隊の訓練支援、訓練検閲のための対抗部隊の行動や上級部隊の計画する行事、師団の実施する競技会への参加などがあり、十分に確保できません。計画的に進めていかないと、1年があっという間に過ぎてしまいます。演習場も他の部隊が年中使用しているため、十分な演習場の割り振りを受けるのが難しい状態です。

連隊は演習場が確保できたときに訓練を行うという考え方では、年間7〜8回まとまった訓練をする程度で、あとは、射撃訓練か、駐屯地内での競技会の練習、訓練資材の整備、ジョギングなどによる体力練成を行うだけです。訓練量が絶対的に不足するため、駐屯地の近くにある小演習場での基礎訓練に時間を割り当てる必要があります。実戦的な戦闘に直結する訓練の量を3倍以上に増加させ、さらに、訓練の質を高める工夫を積み上げていかなければ、FTCを凌駕する能力を保持することは困難です。

訓練の質と量を3倍以上にするには、40連隊全員の意識改革が必要でした。それも、上からの命令でやらされるのではなく、隊員1人1人が訓練の質と量を上げる行動を自ら考え、協力しながら進めていかなければなりません。

目標は明確です。「実戦に強い部隊を練成する」こと、そして「FTC部隊を撃破できる力を付ける」ことです。進むべき道は明確なので、方向が違えば修正すればいいだけです。今までの訓練は無駄になったという捉え方は捨てます。そうではなくて、訓練を行ったおかげで力が付き次に進む道が開けた、無駄に思えることをやったので正しい方向へ進むことができた、すべては、砂時計の砂が落ち切るまで努力したので新しい段階に入れたと。つまり、無駄なことは1つもないという考え方を全員で共有しました。

考えているだけでは、カレンダーはめくれ月日は過ぎますが、実態は何も変わりません。どのようにやればいいか考える時間があれば、実際にやってみて、気付きを得て少しずつでも前に進めていくことが重要だと考えました。まず行動し、訓練における問題点を修正しながら進めていくことを全員で追求しました。これができれば、実戦においても、状況を総括、評価し必要な判断を加えながら、行動を修正する戦いが可能になると考えたからです。

訓練の質については、まず初めに徹底的に進めていかなければならないものは、「情報」です。実戦における情報の重要性、火力と連動すると情報は優れた戦闘力となることを理解し、リアリティーある訓練を積み上げ力を付けることによって、戦場全体をコントロールできる力を保有できれば、戦闘に勝利することができるからです。

連隊の攻撃戦闘に必要な情報は、斥候によって収集します。普通科連隊では、情報を収集する任務を有する情報小隊の隊員が斥候となり、敵の奥深くまで潜入して敵、地形に関する情報を獲得します。普通科中隊では、攻撃に必要な敵の配置、陣地の位置、障害の状況、安全に接近できる経路の偵察のため、一般の隊員を斥候として派遣します。そして斥候の収集した情報に基づき、攻撃を組み立てます。

必要とする情報を収集できなければ、敵の陣地がどこにあるのかわからず、精密な攻撃計画が作成できません。攻撃前に敵を徹底的に叩くための砲迫射撃もどこへ撃ったらいいのかわからず、多くの敵を残した状態での攻撃となり、損害が多く発生することになります。

反対に敵に自分達の情報を収集されていた場合は、火力を指向され、攻撃行動を妨害され、戦力を削り取られてしまいます。情報を獲得することは、敵を撃破するため必要不可欠なものであり、単なる情報と捉えないで敵を撃破するための戦闘力と同じ価値と捉える必要があるのです。

情報の捉え方、情報の重要性に関する認識の差によって、戦闘結果が大きく変化するため、情報の重要性を頭と身体に徹底的に叩き込む必要があります。情報を収集する斥候と一般隊員の情報収集能力の向上は、戦闘に勝利するための重要な条件となるのです。

そのため、連隊の隊員全員が、自分の位置と敵の位置を正確に把握できる能力を身に付け、砲迫射撃を要求し確実に敵を仕留めるための訓練を行いました。全隊員が斥候となり偵察ができること、全隊員が砲迫射撃を要求することができること（通常は、特科部隊や迫撃砲部隊の隊員がFOとして行動しその役割を行います）、そして全隊員が通信機を使えるように訓練します。1人が3人分の機能を行うことができれば、斥候の数を増やすことができ、戦場をコントロールしやすくなる砲迫射撃を要求し、敵を撃破する能力が高まります。さらに、損害が出て戦力が低下しても相互に補完し合うことができ、粘り強い戦いを可能にします。

3人分の機能を1人でできるように連隊全員を訓練するので、訓練量は通常の3倍必要となります。訓練レベルに差が出てくると、進展度合いによって訓練内容を変えていかなければならないので、さらに訓練の企画・実施も手間がかかるようになります。全員が強くなる意思を持って頑張っていますが、辛いこともあり心が弱くなることもあります。

朝から晩まで厳しく休憩のない訓練を続けていると、3人分ではなく、2人分にしたらどうかという声が出てくるのに対して、

「2人分できる部隊と、3人分でき、さらにスナイパーができる部隊ではどちらが強いのか?」と問いかけると、

「3人+αです」と答えるので、

「では、続けよう」と言って隊員の背中を押しながら、幹部、陸曹、陸士が力を合わせて、踏ん張りました。

毎日、効率的かつ効果的な訓練を実施する方法を中隊長や幹部、陸曹と意見交換しながら、まずやってみるということから始め、やり方を大きく変えたりしながら前に進めているうちに、いろいろなところが連動し始め、チームワークを向上させる方法や訓練量を増やすアイデアも最初は少し出る程度でしたが、ある時期から湧き出すようになりました。

考え方を変えれば必要な訓練時間を確保することができることがわかってきたからです。この意識改革と発想、速やかな訓練の実施は、当時は珍しい行動でした。訓練は演習場で

行うという考えがまだ根強く、演習場が取れなければ訓練ができないと考えていたからです。各中隊の訓練計画は、それぞれ連携することなく作成し個別に訓練していたため、連隊トータルでは重複していたり、上手く演習場を活用できていなかったり、または、演習場が確保できない場合は、訓練準備と称して整備をのんびりやっている状態でした。また、各中隊は競技会で競うためか、横の連携もありませんでした。

ここに、訓練量を確保するヒントがあると考えたのです。

中隊間は、競技会で競うので良いライバル関係ではありますが、射撃に関するノウハウを隠して教えないようにしたり、戦闘技術で40連隊として皆が力を合わせる雰囲気を阻害するため、まず、連隊内競技会を止めることにしました。中止にすることによって多くの訓練時間も得られます。

持続走や銃剣道など競技会で生きてきたメンバーは「伝統が失われます」と言いましたが、これからの時代、自衛隊は、毎日のようにメディアに登場し、ステージに立ってライトを浴びながら行動するようになるから、将来のことも考えて組み立てていこうと説得しました。

競技会がなくなったので、各中隊が持っているノウハウをすべて公開し、第40普通科連隊として全員が共有し、レベルの底上げを行い、その上にノウハウを積み上げていく方式に切り替えました。

同時に、「我が中隊は」や、「1中隊は」という主語を禁止し、主語を「うちの連隊は」、「40連隊は」、「小倉は」と言うようにして、連隊全体の連携とチームワークを作り上げる環境を作り、若手幹部や陸曹のアイデアを採用して施策を進めていくことにしました。

隊員は、競技会に勝つことが強いという考えから、「40連隊に戦闘技術の負けはない」という方向に舵を切り、協力してくれるようになっていきました。

## 各中隊の垣根をなくした駐屯地内訓練

さらに、中隊間の垣根をなくすために行ったことは、誰でもどの中隊に行って訓練してもいいシステム作りでした。各中隊長が毎日集まり、中隊間の具体的な協力要領、連携要領を話し合います。その中で、各中隊は何人でも他の中隊の隊員を自分の中隊の実施する訓練に受け入れる体制を作ってくれたのです。

例えば、1中隊がその日実施する業務を振り分けているとき、どうしても5名ほど人員が余ったりしてしまうことがあります。通常ならば、余ってしまった5名の隊員は、整備と称して1日中整備を行い、課業終了の2時間前から体力練成を行い、その日の業務は終了になります。

この5名を、歩哨訓練をしている3中隊へ連れて行き、そこで訓練ができるようにしたのです。体力練成をやる中隊に自由に参加することができれば、準備の手間と時間をなくして訓練時間を確保できます。

訓練を見に行くと、3中隊の人数がかなりいるので3中隊がやっていると思ったら、4中隊の訓練だったりするような場面が多くなりました。

この効果は、すさまじいものがありました。いつも各中隊のメンバーを入れて訓練しているので、中隊の垣根がなくなるばかりではなく、連隊の誰とでも組めるようになり、同じ連隊の隊員とはすぐにチームを作って行動できるようになってしまったのです。そして、それが当たり前になっていきました。戦闘技術のレベルが上がれば、誰とでも自由に組めるようになるのです。

若い幹部も半年ごとに中隊配置を変えて、幹部も誰でも、どこの中隊でも対応できるような態勢にしました。最初は皆不安のようでしたが、他部隊が見て驚く姿に自信を得て、その施策が進むという面白い効果も出てきました。

もう1つ、他の部隊ではやらないことをやってみました。

駐屯地内に弾薬箱で模擬市街地を作って、演習場でなければ訓練ができないという意識を改革しました。市街地の戦闘は、敵との距離が近い分、射撃や個人の動き、チームとしての行動がさほど難しくないように思われがちです。しかし、距離の近さゆえ敵に暴露する部分を極限まで小さくして戦闘を行うため、数cmを正確に撃ち抜ける精密な射撃技術が必要となります。個人・チームも、無駄のない素早い動きとお互いがカバーし合う動作を正確にできていなければ、敵を倒すことはできません。部屋に突入するときのステップや敵が潜んでいないか確認する動作は、息が合っていなければ敵にやられてしまいます。

市街地戦闘訓練は、自動車の教習に例えると、S字やクランク、坂道発進のような細かい技術を必要とする難しいテクニックといえます。弾薬箱で作成した模擬市街地訓練場は、戦闘技術の細かく難しい部分を駐屯地内で徹底的に訓練することを目指して作りました。

ここでの訓練を進めていくと、個人・分隊の基礎動作～応用動作などかなりの部分を、駐屯地内と近傍小演習場（20分以内で行ける演習場が駐屯地の近くに1～2ヵ所あります）で訓練できることがわかってきました。

駐屯地内訓練は、移動時間もなく、準備が簡単なため、効果的な時間の活用と内容の濃い訓練を可能にします。各中隊が工夫をした訓練に他中隊のメンバーが参加し、学んだ内容をさらに自分の中隊訓練の中で発展させていくので、訓練がどんどん進化していくスパイラルができていきます。

整備と称して1日中ゆっくりやっていたメンバーも時間を大幅に短縮し、駐屯地内訓練へ参加するようになっていきました。そうして整備をしっかりやらなければならないときは、各中隊が協力して他中隊を応援する動きが自然に出るようにもなりました。

一方、大規模な演習場では、中隊以上の訓練や新しく考えた戦法の検証、連隊規模の総合訓練を行うことにしました。駐屯地や近傍演習場で訓練できる内容は演習場でやることを止め、演習場でなければできない内容を訓練することにしました。

基本的な訓練やパーツの訓練を徹底的に駐屯地で訓練することが可能となり、急激に訓練量が増加し、訓練の質が向上していきました。この結果、今までの3倍の実戦的な訓練を積み上げることができ、弱点をなくす訓練を進めたり、最新の戦闘技術を取り入れる訓練、情報と火力を連動させる戦法の具体化が進みました。

もちろん、FTCの「斥候狩り」要員を、反対にこちらが「狩る」ことができるレベルに各隊員の能力を上げる準備も進めました。

## 部隊を支える中級陸曹

さらに、予想しなかった効果が表れました。強さを求めて訓練をしているうちに、隊員が、人間的にも成長したのです。

部隊の強さを支えている中核は陸曹です。彼らの強さが部隊の強さになります。3曹から早くに2曹に昇任する陸曹は、周りの隊員の心に「やるぞ」という火を付けることのできるタイプであり、中隊や連隊をけん引していく人材です。彼らの成長はそのまま部隊の強さに直結します。中堅で2曹になるタイプは、1つ1つ努力をしながら実力を付けてきたタイプで、部隊の粘り強さと戦い抜く力となります。後半で2曹になるタイプは、陰日向関係なくモチベーションを維持しながら、活動する部隊のロジスティックを支えます。

旧軍では軍曹と呼ばれていた現在の2曹は、部隊のエンジンとなり、粘り強さを発揮し戦い抜く原動力となるのです。

連隊長拝命前、師団司令部の第3部で勤務をしていたとき、部隊の強さを評価する重要なポイントは、小部隊の強さにあると考えました。最前線で戦闘、戦闘支援を実施する最小単位は、班・分隊である小部隊です。小部隊が高いモチベーションと実力を保有し、自由自在に動く部隊は、実戦に強く、生き残り任務を達成することのできる部隊なのです。

この小部隊を、班長や分隊長として指揮するのが中級陸曹です。小部隊の強さイコール中級陸曹の高いモチベーションであり実力であると考えました。常にチャレンジ精神を保持し、実力を付けようとする意思を持ち続けている中級陸曹が、若い隊員の心に火を付け人間性を磨いている部隊は強い部隊です。

中級陸曹は、年齢的に若く、体力的にも充実した時期であるため、背中で隊員を引っ張っていくことができます。年齢が高くなると、経験を積み話も上手くなりますが、最前線で戦い抜く馬力と衝撃力を発揮し維持することは難しくなるからです。体力的に充実し、必要な経験を積んできた中級陸曹の率いる部隊が、厳しい最前線で昼夜戦い抜くことができます。このように、中級陸曹には極めて重要な役割があります。強い中級陸曹をいかに育成するかを追求すると、陸士の頃から意識改革を行い、強さを追求する訓練を積み上げる必要があることがわかってきました。その陸士が初級陸曹になり、さらに力を付けることによって、強い中級陸曹が育ちます。

強い中級陸曹が上級陸曹になることによって、さらに人材育成や強さを追求する環境ができあがっていきます。中級陸曹だけを練成するのではなく、全階級に対する継続的な人材育成を行うことが必要であり、これ以外の方法はありません。
陸曹と陸士7名で編成する分隊の指揮をとるのは、上級陸曹または中級陸曹です。40連隊では、分隊対抗方式の戦闘を重視した部隊の練成及び連隊内の分隊対抗競技会を毎年行い、実戦で手強い部隊の育成を進めました。

## 戦機を読む力

ただ戦いに強くても、戦機を掴む感覚を持っていなければ、チャンスを自分のものにして勝利を獲得することはできないものと捉えています。実戦的な訓練を行うと、戦闘は錯誤が思った以上に発生し、両方の部隊に同じようにピンチとチャンスが訪れ、戦いの中で戦機を掴み取った部隊が勝利するからです。

しかし、部隊指揮官は、戦機とチャンスを自分たちに引き寄せていく重要性は理解していても、戦っている最中には、戦機を見ることや感じることはとても難しく、戦機をもたらす女神がどこにいるのか、まったくわかりません。

このことを実感したのは、前職の師団司令部3部長のときでした。

訓練をコントロールする統裁部から行動の統制を受けることなく、自由に戦うことができる「自由対抗方式」の実戦的な戦闘訓練を行っている場面でした。訓練統制部は、戦闘の評価と審判を行ったり、訓練の企画・運営をするため、両方の部隊の無線を傍受し、現地の審判員からの報告や損害の状況など多くの戦闘に関わる情報が集まる情報の集約点です。

両方の部隊が何を考え、いかに行動しようとしているか、今後の行動についても掌握できます。このように訓練統裁部は、戦闘全体を把握できるシステムになっています。

そこで、女神の存在に気付いたのです。訓練統制部は、飛び回りながら戦況をすべて見ることのできる女神と同じで、戦闘間に連続して発生する現地での錯誤や本部内での錯誤や状況を、どのように評価し決断して行動するかを把握できるシステムを持っていたからかもしれません。

女神が戦機やチャンスをいつ落としたのか、戦機があったのになぜそれを掴むことができなかったのか、掴み損ねた部隊はどうなったかが、ここではよくわかります。

主力から離れて防御を行っており、現在地を2日間確保することができれば、主力到着後、優位な状態になり、主力と合流して敵を攻撃できる状況というのがありました。この「現在地を確保する任務を有する防御部隊と攻撃部隊」の場面を例にとって説明します。

防御部隊の指揮官が上級部隊（主力）の指揮官へ、

「敵の攻撃は止まることなく続いており、我々の損害がどんどん出ています。敵の損害は小さく、このままでは厳しい状況になります」と報告をしました。

上級部隊の指揮官は防御部隊へ、

「あと少しなので頑張れ、火力部隊を増強する」と指示しました。

防御部隊は一晩中敵の攻撃を受け続けている状態で、敵の圧力は一向に弱まらないため、

「このままでは防御陣地を破られる可能性があります。明日の明け方までが限界かもしれません」と報告を続けています。

防御部隊指揮官は、これ以上攻撃が続くと防御線が崩れ始め、陣地を抜かれてしまうかもしれないと感じています。この報告を聞いた上級部隊の指揮官は、防御部隊はかなり苦しい戦いをしており、何とか首の皮一枚で持ちこたえていると考えるのが通常です。防御部隊指揮官の報告によって、主力の作戦を変更しなければならない状況であると判断してもおかしくありません。主力の部隊により第2防御線を構成し、風前の灯火状態になっている防御部隊を後退させ、第2線陣地で収容しなければならないと考えるかもしれません。

しかし、訓練統裁部内で状況を確認している我々の理解はまったく反対でした。攻撃部隊の方が苦しい状態なのです。現地はいったいどのような状態になっているのか、確認に行く

ことにしました。

現地で確認できた状況は、防御部隊は首の皮一枚でつながっている状態ではなく、まだ十分戦力が残っていて戦闘を継続できる状態であり、統裁部で把握している内容と一致していました。それなのにどうしてこのような危機感に支配されてしまったかと調べていると、防御部隊指揮官から予想もしない状況認識が語られたのです。こんな内容です。

「攻撃部隊はいくら戦っても損害がほとんど出ておらず、さらに新しい部隊が出てきて攻撃をしてくるので、相当な戦力があり、このままではやられてしまうのが時間の問題ではないかと感じている」

一方、攻撃部隊側の状況認識は、防御側の火力によりかなりの損害が出ていて、攻撃の手を緩めると防御側が攻撃をしてくる可能性があるので、部隊がたくさんいるように動き回りながら、防御側がよく確認できない夜間を上手く使って戦う他手がなかったという認識でした。

攻撃側の「もう戦力が残り少ないので、補給部隊や修理部隊も攻撃に参加させている」という動きが、防御部隊側では新たな部隊に見えていたのだということがわかりました。「何とか昼まで攻撃してから、後方へ下がり立て直そうと考えています」ということでした。

攻撃部隊からあと一押しされたら、防御部隊側はどう対応するかなと思いながら、訓練統裁本部へ戻りしばらくすると、防御部隊側から、

「昼までに、現在の陣地から後方の陣地へ移動し、戦力を立て直す」と判断が示されました。

攻撃部隊側は、

「現地監視する要員を残し、部隊は昼までに後方へ下がり態勢を立て直す」という判断を行いました。

攻撃側は、ボロボロになっていて後方に下がりましたが、もう一押しすれば防御側が崩れてしまうというチャンスがあり、防御側は、攻撃側に大ダメージを引き続き与えるチャンスであったといえます。

しかし、両方の部隊どちらにもチャンスがあったのに掴み切れず、お互いに危機感を持ってしまい下がってしまう結末になったのです。

両方の状況を把握している訓練統裁部ではわかるのですが、現場では、味方ばかりがやられていて敵はあまりやられていないと考えてしまい、なかなか積極的な動きをとるというのが難しい状態になるのが現実だというのがわかります。

状況の正しい把握ができる情報の収集と敵の側に立った状況の分析が必要です。味方のこ

とは情報が入りわかりますが、敵の状況を正しく掴むのは難しいため、敵にも大きな損害が出ているにもかかわらず、敵の損害は軽微で、味方の損害だけが累積しているように感じてしまい、悲観的になっていきます。敵の撃破量を正しくカウントすることが必要であることがわかります。

そして、適正な判断を行い、積極性を発揮することによってこそ、女神が微笑み、戦機を引き寄せ、掴み取ることができます。収集する情報の質と量を高めること、そして情報を正しく分析することによって、女神は自分のところへ近付いてくるのではないかと思います。

次は、「強い意志がピンチを救う」という場面です。

両方の部隊の戦力が同じで、お互いが攻撃し合う場面で生起しました。A連隊の保有する4個の中隊のうちの1個中隊が、どういう訳か、B連隊が「ここから攻撃してくる部隊はない」と判断し守備隊を配備しなかったところを上手くすり抜け、B連隊の連隊本部の方へ進んでいきます。

このままではB連隊の連隊本部が攻撃され、やられるため、B連隊長以下、対処に大慌ての状況になりました。B連隊は対処しようにも、A連隊を攻撃するため4個の中隊を前方に前進させていているので、部隊を戻して連隊本部を守らせるには時間的に間に合いません。

B連隊長は、連隊本部の近くにいる補給部隊や車両の運転手など、ありとあらゆるメンバーを集合させ、防御態勢をとることを命じました。

B連隊長は、できることをすべて準備してA連隊の1個中隊を待ち受けています。しかし、A連隊の1個中隊は、装甲車や戦車を保有しているため、人員的には同じ中隊規模ですが、臨時に編成した後方職種主体のB連隊長率いる連隊本部混成部隊とは、戦闘レベルと火力の威力が格段に違います。戦闘が始まれば、B連隊長以下の連隊本部混成部隊の敗北は、時間の問題でした。

現場に急行して確認すると、B連隊長以下部隊には悲壮感がありました。しかし、負け戦だが思い切って最後まで戦う強い意志を感じました。戦闘が始まれば、状況が状況のため、早く勝負が決してしまい、訓練検閲は初日で終了してしまうなと思いました。

師団長へ報告をしようとしていると、A連隊のすり抜けた中隊が、何を考えたか、道を間違えてしまったため、少し遠回りの経路でBの連隊本部混成部隊の方へ接近する状況になってしまったのです。上手くすり抜けることができたA連隊の中隊長が、勝ちを急いでしまい、やるべき手順をおろそかにしたからです。いつものように経路偵察をしておけば、まったく問題なく敵本部を攻撃できたはずでした。

決定的チャンスが手からこぼれ落ちた瞬間でした。

おかしな行動が連続して発生し、さらに、戦場の錯誤が続きます。

A連隊の中隊が道を間違えて前進をしているときに、何と、B連隊の1個中隊も道を間違えていて、A連隊を攻撃する方向へ向かっているのではなく、ぐるりと回って逆方向の自分の部隊の方へ向かっていたのです。しかも、すり抜けたA連隊の中隊の横腹に食い込む形で衝突する状態になっています。

「ピンチはチャンス、チャンスはピンチ」が目の前で起こっていました。A連隊の横腹から攻撃を行い撃破できる絶好の機会を得たBの連隊長は、道を間違えた中隊に対してA連隊の中隊に対する攻撃命令を出しました。

A連隊の中隊はチャンスどころか、今度は敵中で側背から攻撃され、大きな損害が確実に発生する状況へ急変したのです。この場所はB連隊の勢力圏内のため、主力から増援を受けることができずに撃破されてしまう公算大です。しかも、A連隊の中隊は、B連隊の中隊が接近していることをまだ察知していなかったのです。

しかし幸運にも、A連隊の連隊本部の2科（連隊全体の情報を担当する部署）は、この危険な状況を、運良く配置していた斥候の報告によってAの連隊長が確認でき、すり抜けた中隊に対して、無線で方向変換の命令を出したのです。A連隊の中隊は大慌てで、部隊を反転させながら、前方と後退経路を偵察するため斥候を派遣しました。中隊の危険を知らせた斥候から安全に後退できる経路の情報も得て、後退を開始しました。

Bの連隊長が発した、今ここにいる全員で戦うという強い意志が部隊壊滅の流れを変えましたが、自分たちの安全が確保されるばかりではなく敵の1個中隊を撃破できる絶好のチャンスを得る偶然に驚き、安心してしまったため、すり抜けてきたA連隊の中隊を十分叩くことができず、チャンスを十分生かせませんでした。

勝利の女神は、両方の部隊へ戦機を持って現れ、両方の部隊へチャンスを与えましたが、チャンスを確実に掴む準備ができていないと、いつの間にかいなくなってしまいました。勝利の女神は、状況を眺めながら強い意志のところへ魅かれ微笑みますが、微笑みにこたえられないと、いなくなるばかりではなく、すぐに反対のところへ行ってしまいます。

情報を正確に掴み、強い意志を持ち続け行動し切ることが重要であることがわかります。40連隊で自由対抗方式の分隊同士の戦闘を重視したのは、もちろん、戦闘技術とチームワークを高めるためです。そして、勝利の女神の微笑みと戦機を獲得するための経験と勘どころを掴めるようにすることにも重きを置きました。

## 戦いに勝利するための「情報」

防御は、敵よりも戦力が劣っている場合に採用する行動です。しかし、少ない戦力で優勢な敵を阻止するのは簡単なことではありません。防御側の勝ち目は、限定した時間と場所において味方の部隊を焦点となる場所へ移動させ、局地的に有利な態勢を作ることによって、攻撃部隊の戦力を減殺するところにあります。

広い正面で防御する場合、防御側の戦力を攻撃部隊が接近可能な各径路へ戦力を均等に配置してしまうと、ただでさえ劣勢な防御側の戦力はより分散してしまいます。さらに、攻撃部隊は、攻撃に使用する経路を自由に選択できるので、戦闘力の集中もでき、圧倒的に有利になります。

攻撃部隊の自由にされたのでは、防御側に勝ち目はありません。防御側は、攻撃部隊よりも早く到着しているので、防御に利用できる地形の選択、情報部隊を配置し攻撃部隊の行動を把握できる「待ち受けの利点」があります。

攻撃部隊が防御側へ接近できる経路が3経路あるとき、どの経路を使用して主力が移動してくるかを明らかにできれば、そこの障害を多く設置したり、部隊を配置したりします。

A・B・Cの3経路の中、Aの経路を使用することがわかれば、防御側は、戦力を3等分にせず、A経路に集中することができます。

トータルでは攻撃部隊が優勢でも、攻撃部隊が十分に展開できない場所で、防御側が十分展開し、陣地による防護力を活用しながら戦うことができれば、その場所では防御側の戦力が敵よりも優勢となり、攻撃部隊を撃破することができます。攻撃部隊が戦車2両しか展開できない場所で、防御側が陣地で防護した戦車が4両配置できれば、防御側が勝利することができるのです。

しかし、敵の使用する経路が、情報によりA経路であると解明できても、A経路を防御する陣地へ防御側の戦力を移動させ、配置につく時間を確保しなければなりません。情報の解明が正しくできたとしても、部隊の行動が間に合わない場合、A経路とわかっても意味がないのです。

ですから、情報は防御側がA経路へ集中するために必要な時間を十分確保できる時期に解明する必要があります。早い時期に敵の使用する経路を確定するために、各経路を使用するときの敵の行動要領、パターンを、敵の指揮官になり切って分析し、具体化した行動パターンに敵の行動が当てはまれば、確定を撃つことが可能となります。

例えば、2日前の夜、偵察部隊がオートバイを降りて徒歩で偵察する場所をどこに選定するか、地雷などの障害を偵察する施設部隊の偵察要員をどこへ投入するか、敵の防御陣地の解明と警戒行動を行う先遣部隊をどの程度の戦力でいつどの経路を使って前進させるか、攻撃を支援する補給部隊の展開地域をどこに設定するかなど、敵の指揮官になり切り、行動パターンを分析します。

こうして作り上げた敵の行動パターンをもとに、防御部隊が戦力を転用して戦闘する時間を確保できる時期に経路の判定ができるように偵察部隊を配置し、埋め込みます。

そして、A経路を使用して接近する敵の行動を確定する情報を収集することはとても重要でありますが、B経路、C経路沿いに情報を収集するため配置している情報部隊からの情報も非常に重要となります。

B経路、C経路沿いに敵が経路を使用する兆候が現れなければ、敵はA経路を使用すると判定できるからです。B経路、C経路での敵の行動「なし」という否定情報も、敵の行動を解明する重要な情報となります。

敵の行動パターンを詳細まで詰め切ると、ある場所における敵の配置がなければ、否定情報1つで敵の行動を確定できる場合もあります。

情報収集のため、偵察部隊の他、航空偵察、無人偵察機、レーダーなどのセンサーを組み合わせて情報収集網の構築を行います。情報活動の適否で戦闘の勝敗が決まる可能性が高く、情報活動に強い部隊を作り上げることが実戦に強い部隊を作ることに直結します。

会社でも、人事異動のとき、今度の上司はどのようなタイプであるかを話題にすると思います。優しそうでニコニコしながら失敗しても怒らないが、人事上のペナルティーを容赦なく与える人であるとか、瞬間湯沸かし器のようにすぐ怒る人だがとても人情的な人であるとか、あるいはコーヒーはブラックで飲むことまで、新しい上司に変わるときは、いろいろな情報を集めたり確認します。

実戦では、敵指揮官の性格を調べるのはもとより、今まで経験してきた勤務地と関係した上司、そしてどのような訓練をしてきたかを分析します。あふれるような情熱のあるタイプで、攻撃を好む土地柄で勤務し、攻撃の得意な上司に仕え、今まで行ってきた訓練は9対1で攻撃をしているのがわかれば、あまり経験のない防御行動が弱点となる可能性が高くなります。このように敵の指揮官の性格、経歴、訓練状況を分析し、勝ち目を追求します。

情報は、非常に重要な役割を果たします。

ボクシングやサッカーの試合は、相手の得意技や良さを消すような位置取りやフォーメーションをとって相手の力を発揮させないようにし、バランスを崩すような作戦を考え、相手の対抗策に応じて変化をさせながら対応し、自分の術中にはめていきます。そのため、試合終了後、仕事をさせてもらえなかったとか、右ストレートを封じられたという敗者のコメントを耳にします。

戦闘においても、相手の優位性を消し、敵の弱点を追求することが勝利につながります。先ほどの攻撃を得意とする指揮官にならば、どんどん自分の陣地の中へ引き込みます。相手が調子に乗って前に進みすぎると、攻撃行動を支える膨大な補給を支える補給線が伸び切ってしまい、攻撃を停止せざるを得なくなり、補給線を伸ばせるまで防御行動をとらざるを得なくなります。

防御側が対応できないほどの攻撃衝力を与えて防御組織を崩壊させるのが、戦いに勝つ基本です。ただ、大きな兵力も、戦線が伸び切り、圧倒的な戦力を迅速に注ぎ込めなくなり、優勢な火力を支える弾薬補給が不十分な状況になることもあります。その場合、一時的に防御を行い、戦線を立て直す必要が出てきます。こうした、指揮官や部隊がほとんど訓練をしていないことを行わなければならなくなるのが、実戦というものでしょう。その意味で、相手指揮官を知ることは戦勝の第1歩となるのです。

情報は、敵の行動を予測することもでき、敵の弱点を突くことも可能にします。さらに、組織力を発揮するためのバランスをどこで狂わせればいいかを教えてくれます。情報と火力が連動していれば、迅速に火力を指向して敵を叩くことが可能となります。

第❶部　戦法開発編

# 第5章

# 戦闘の重心を破壊し敵を崩壊させる

## 戦闘行動の要所となる戦闘重心

戦いでは、大きな規模の部隊になるほど、部隊の能力を組織的に発揮する必要が高くなります。組織化できなければ、部隊の戦力が多くても、作戦に勝利することはできません。勝利を獲得するため、敵に組織化をさせないことが必要になります。特に、「戦闘重心」といわれる部分を停止状態、または機能不全にさせることによって、敵の組織化が困難になったり、停止状態になってしまいます。

戦闘機能を組織化するために重要な戦闘重心には、「情報」、「指揮・統制」、「火力統制」、「通信」、「兵站」の機能があります。この戦闘重心の要素を機能不全にすれば、部隊が動かなくなってしまうのです。

実戦では、敵の兵力の規模、配置、敵の企図（どのような行動をしようとしているのか）がわかれば、常に主導権を握り、敵を受け身の状態にさせ、戦いを有利に進めることができます。

敵の正確な位置情報の収集ができれば、空爆や精密誘導兵器による攻撃や砲迫射撃によって敵を撃破することができます。

敵が防御をしようとする場所がわかっているならば、防御準備を行うために準備する大量の防御資器材を各種手段によって破壊してしまうか、防御予定地域に物資が届かない状態にすれば、防御行動が成り立たなくなります。

戦闘に直接関係する歩兵、戦車、火砲、指揮所、兵站部隊（物資の補給整備を行う後方支援）の正確な位置を入手できれば、火力を指向して破壊することができます。

詳しく見ていきましょう。

戦闘重心の1つ目、「情報機能」は、各種戦闘機能のシステム化、組織化を可能にし、保有している戦闘力を最大限に発揮させる重要な役割を担います。航空偵察を行うヘリ部隊、斥候、監視所などの情報収集部隊が十分に情報収集をできない場合、敵の動きを掴むことができません。これでは、目隠しをして敵と戦うようなものであり、また敵の奇襲攻撃を受ける可能性も高くなります。敵に関する情報を得ることができなければ、戦いに勝利することが極めて難しい状態になります。

情報部隊は、敵の動きを予測しながら、情報が途切れないように逐次、部隊の配置変更をしなければなりません。戦闘開始前、または戦闘開始当初に情報部隊を失ってしまうと、新たな情報部隊を投入するまで時間がかかり、情報部隊が投入されるまでは、第一線で戦闘をしている部隊が派遣する斥候からの情報に限定されます。新たに投入する情報部隊も敵中に侵入させる時間が必要であり、新たな情報部隊が機能発揮するまで、1日以上の時間を要します。

逆に、本部地域で情報部隊の収集した情報を集約し、敵の将来の行動を予測したり乗じ得る敵の弱点を解明したりする情報集約センターのような場所を破壊、または機能不全に陥らすことができれば、圧倒的に戦闘が有利になります。敵を正確に捉えられないと、今何を決心して行動すべきかわかりません。また、次とるべき行動や敵の行動を予想することも困難になります。

このように、戦車や火砲を直接破壊しなくても、戦闘重心の1つである「情報機能」を破壊するか機能不全にしてしまえば、敵の戦闘能力を著しく低下させることができます。

2つ目の戦闘重心は、作戦をコントロールする「指揮・統制機能」です。

指揮所は、作戦全般をコントロールする「指揮・統制機能」の要となるところです。指揮所には指揮官が所在し、作戦遂行に必要なスタッフによって、指揮官の意図したことを作戦計画に落とし込み、具体化します。指揮所から作戦計画の内容を命令として発せられ、隷下部隊は命令通りに作戦を実行し、その戦果を報告します。

指揮所では、収集した情報を分析し、隷下部隊からの報告、兵站の状況など総合的に判断し、さらに必要な命令を出し、統制を行います。戦闘中、味方からの砲爆撃を受けないようにするため、味方が行動する地域には射撃を制限する地域を設定します。射撃を統制する1つの例です。

指揮所が破壊されるか、指揮官や幕僚が倒されてしまうと、部隊全体をコントロールする指揮・統制機能が大きく低下します。指揮・統制機能の消失は、大きな部隊になるほど影響が大きくなります。

3つ目は、「火力統制機能」です。

敵を撃破するために重要な役割を果たす砲迫火力と対機甲火力全般をコントロールする火力調整所は、指揮所の近くか、指揮所内に設置します。火力調整所は、情報収集部隊の情報や第一線部隊から送られてくる敵部隊への射撃要求に基づき、どこの目標に対してどの火力部隊を指向するかなどをコントロールし、火力を発揮する中枢になります。

この火力調整所の機能を消滅させるか低下させられれば、主要な手段である火力発揮を組織的に行うことができなくなり、戦力発揮は大きく制限されます。

4つ目の「通信機能」は、部隊と部隊を連接する神経の役割を果たします。

通信機能は、収集した情報や命令、火力要求など戦闘重心の機能発揮に必要な重要な役割を果たします。通じて当たり前の通信が不通になった場合、情報機能、指揮機能、火力統制機能が連携できず、戦闘力のシステム化ができません。

部隊の通信全般を統制する通信所や主力と離れた場所で行動する部隊や、地形が障害となって電波が通じにくい場所をカバーするために中継所が配置されます。この中継所を破壊することによって、部隊の神経は途切れ、それぞれ独自に行動しなければならない状況に陥ります。

最後は、「兵站機能」です。

実戦と訓練の違いは、実際の損害が発生することと、補給・整備が続かなければ戦闘を継続できず勝利することができないところです。補給品として重要なものに、弾薬や燃料などがあります。

弾薬の消耗は大きく、弾薬の補給が定期的に行われなければ、火力によって敵を撃破することができません。例えば、戦車砲と機関銃の弾薬を撃ち尽くしてしまった戦車は、機動力と防護力はありますが、肝心の火力を発揮できないため、敵の脅威にはなりません。弾薬を撃ち尽くし、丸腰で敵の対戦車火器が待ち構える場所を行動するようなことがあれば、対戦車火器の格好の餌食になり、回避行動を続けなくてはなりません。そのうち燃料まで切れると最悪の状態になります。

戦車部隊が、補給部隊から弾薬の補給を受けることができなければ、その戦車部隊を撃破したことと同じ効果を得ることができるのです。「兵站機能」を無力化することは、継続的な戦闘能力を消失させることができ、部隊の規模が大きくなるほど効果が大となります。

補給とともに、故障したり破壊された車両や装備品を戦場地域で修理できれば、戦闘に復帰する時間も短くなります。

兵站部隊全般を統制する後方指揮所が破壊されたり、弾薬輸送の妨害、整備施設の破壊が行われた場合、戦闘部隊の補給と整備能力が低下し、弾薬や燃料を制限した苦しい戦いを行わなければなりません。補給が絶たれた場合は、戦闘継続が困難になります。

戦闘力を最大限に発揮するためには、「情報機能」、「指揮・統制機能」、「火力統制機能」、「通信機能」、「兵站機能」が正常な状態でなければなりません。システム化され、デジタル化された環境が進んでいる現在の戦場は、従来のように戦車、火砲、歩兵部隊を直接破壊したり倒したりすることよりも、戦闘重心を機能不全にするか破壊することによって、同等以上の戦果を得られる環境になりました。

戦闘の早い段階で、敵の戦闘重心を機能不全に陥らせることができれば、組織的な戦闘ができなくなった敵部隊を各個に撃破していくことが容易になります。

このような理由から、戦闘では戦闘重心を失うことなく、敵の戦闘重心を叩くことが重要となるのです。

第一部了

第1部では、戦法を使いこなすための体力や精神力、戦闘技術を向上させ、「戦法を運用するために必要な戦闘技術のレベル」を作り上げるまでを描いてきました。

続く第2部では、新たな戦法である「ターゲティング」、「ＬＲＲＰ」（ラープ）を開発し、改良を加えながら、連隊クラスとの自由対抗方式の戦いで運用し完成させ、ＦＴＣとの戦いに出発するまでを描きます。

訓練による検証と修正（トライ&エラー）を繰り返しながら、鋭い切れ味で刃を走らせる速度を上げることによって、敵に対応のいとまを与えずに破壊していく戦法を磨き上げる経緯を記したため、50%以上が戦闘場面を記述する内容になりました。

戦法の破壊力は、「理論と実践で練り上げた戦法」と「戦法を自由に使いこなす高い戦闘技術とチームワークを持った部隊」が揃ったとき、爆発的な威力を発揮します。部隊の練成が進み、戦法が組み立てられ、コンピューター・シミュレーション、図上対抗演習、実動訓練での検証を何度も行い、積み上げてきたからです。

さらに、同時並行的に隊員の強固な意志とチームワーク、部隊のレベルを上げる訓練を行いました。

完成した40連隊の新戦法は、敵が組織的な戦闘力の発揮ができないように麻痺、機能停止させるため、部隊の頭脳、神経、血管に当たる「戦闘重心」の破壊をしてしまいます。そして、混乱し、各個にバラバラになった敵を徹底的に叩き潰すことを重視して作り上げたものです。

その新戦法の名称が「ターゲティング」と「LRRP」です。それぞれ単独でも威力を発揮しますが、組み合わせることによってシナジー効果が生まれ、破壊力と恐怖が倍増し、爆発的な威力を発揮します。

第❷部 **模擬戦闘**編

# 第1章

# 戦法を作り練り上げる

## 教範至上主義とリアリティーのない訓練

師団の教育訓練、作戦運用を担任する3部長の頃から、「連隊長になったら是非ともやりたい」と考えていたことがありました。それは、連隊独自の戦法、「40連隊の戦法」を生み出すことです。

陸上自衛隊では、各国で歩兵といわれている職種を普通科といいます。各国の歩兵連隊、歩兵中隊は、それぞれ普通科連隊、普通科中隊といいます。陸上自衛隊の教範には、戦いの原則事項や手順、着意事項について書いてありますが、戦法についての記述はありません。戦闘の第一線で活動する普通科連隊・中隊の行動についても、教範では同じように、いかにして戦うかではなく、戦いの原則事項や手順、着意事項が記述されています。

例えば、陣地を構築して防御している敵を攻撃する「陣地攻撃」の部分でも、情報を集め、攻撃を準備する要領、攻撃開始後の戦闘の要領について、一般的な手順が記述されています。全陸上自衛隊が統一的な行動をとるためには、教範事項を徹底しなければならないということは理解できます。しかし、教範の影響力は大きく、訓練において教範に書いていないことを行うと、

「教範にない行動をしてはならない」と言われます。

笑い話のようですが、

「どうしてですか?」と聞くと、

「教範に書いていないからだ」と返ってきます。

本来、戦いは最大の戦闘効率を得られる行動を選択するものですが、教範に固執していればその枠から出ることがなく、自由度を失ってしまいます。

教範事項は、20年前の内容でも、原則と手順については大きな変化はありません。一度勉強して学んだことをやっていれば、新たな知識や経験を積まなくとも、教範の範囲内で陸上自衛隊生活を送ることができます。新たなやり方を取り入れた行動をした部隊に負けてしまっても、教範から離れた行動は戦闘の常識から外れているから、「これは教範事項にないから使えない、君たちのやったことは意味がないことだ」というように片付けることができました。

そうして、「教範を読んでなくて基本もわからないのに勝手なことをしては駄目だ」と指導を受けます。自分に自信のない幹部が、部下にいうことを聞かせるための拠りどころにするもの、それが教範でした。

しかし、まず優先しなければならないことは、戦闘に勝利することとです。ここを出発点として考えると、教範事項だけで戦う部隊は強く、勝利できるのかという疑問が生じます。教範を見ると気分が悪くなるほど読んで覚えた幹部が敵部隊の指揮官になった場合、相手は徹底的に弱点を追求し、強点を出させない策を講じてきます。勝敗はどちらに転ぶか簡単に予想できます。

教範事項を基本として理解はしているが、戦闘においては、多くの戦法をそのときどきの状況に合わせて使用することが当たり前と考えるべきではないでしょうか。戦闘の最中、教範にどう書いてあるか確認することは、手術中の医師が医学書を読んで確認するようなものだと思います。

リアリティーのない訓練として、「防御戦闘は簡単」という陸上自衛隊独特のイメージについても考えてみます。

陸上自衛隊では以前、「防御戦闘は簡単。でも、穴掘りは大変」という意識がはびこっていました。本来ならば、どこから敵が来るか不明で、兵力的に劣る防御部隊は、常に受け身の状態になります。一方、いつ攻撃するか、どの方向から攻撃するか、どのような攻撃の要領をとるかなど、攻撃部隊は主導性を持っています。

多くの選択肢を持ち、その選択肢から自由に選択できる攻撃部隊は、圧倒的に有利です。当然のこととして、攻撃部隊がいつどこからどのように攻撃してくるかわからないため、防御戦闘は大変厳しく、難しい戦いとなります。

陸上自衛隊の防御の訓練では、部隊が行動できない地域（入ってはいけない地域、行動不能地域）を演習場に設定します。この行動不能地域によって、攻撃部隊は正面攻撃しかできないため、防御部隊が重点的に防御準備を行った正面での戦闘になります。迂回攻撃や包囲攻撃、陣地の翼に対する攻撃もなく、防御部隊は十分に準備した場所での防御戦闘を行うことになり、部隊の転用や陣地変換を必要とすることもなく、準備した火力を発揮するだけの戦闘になるので、防御戦闘は簡単ということになります。

ただその分、寝ずに40㎞ほど不眠で徒歩行進後、引き続き防御準備としての陣地の構築と障害の設置を徹底的に行うため、隊員や部隊にとっては、防御準備の穴掘りは大変だということになります。

## 新戦法を開発する方法

教範の範疇でリアリティーのない訓練を続けて、実戦で本当に強さを発揮できるかという疑問がありました。そんなときに、第8師団の戦闘競技会で、戦法の威力と、戦法の引き出しを多く持っている部隊の強さを目の当たりにしました。

自由対抗方式で戦闘訓練を行うと、教範事項に縛られ教条的な戦いをした部隊は、勝利するどころか生き残ることも難しい状態で敗退していきました。その反省から、実戦では戦法を使いこなせる部隊が強く、粘り強い戦いを行い、勝利できると考えるようになりました。

そのときから、いくつかの新しい戦法を開発する必要があると考えました。連隊長勤務の期間は、戦法を開発する絶好の機会と捉え、何としても実戦で運用できる戦法を作り上げようと決心しました。

戦法を作る手順は、一般的には各種戦闘の教訓や現代戦の実態に関する情報を集め、利用可能な装備をもとに発想するものです。しかし、前任地の第8師団の自由対抗方式の戦闘団検閲、師団内の小隊対抗戦闘競技会の企画・運営を行い、ＦＴＣ訓練でのガチンコ勝負の訓練を行っていくうちに、私の中に新しい戦闘モデルができあがってきました。

この浮かび上がった戦闘モデルは2つ。

①目標と情報と火力を連結した火力打撃

②ベトナム戦争時代に米軍が採用していた、敵中深くに入り、偵察を行いながら、発見した目標を可能な限り破壊する「長距離偵察戦闘部隊の現代版」

考え出した戦法が実現可能であるか、戦闘効率が高いか、コンピューター・シミュレーションによって確認します。

陸上自衛隊では、各方面隊に指揮所訓練センターがあり、師団規模、増強連隊の戦闘を対抗部隊要員と行い、コンピューターが戦闘を客観的に判定しながら、戦闘シミュレーションができます。戦闘シミュレーションでは、客観的に容赦なく、戦闘の実態が生々しく出ます。実際の訓練ではほとんど行わない陣内での戦闘や、どちらかが戦闘不能になるまでの戦闘がシミュレーションで確認できます。そして案出した「戦法」も指揮所訓練センターの戦闘シミュレーションによって、戦法の長所や改善点が明らかになり、改良を加えることができるのです。

シミュレーションの次は、実際の部隊、隊員を動かし「情報収集」、「通信網の構成」、「火力戦闘部隊の運用」、「目標配分、火力調整」などの機能ごとのパーツ訓練を実動で行います。

まず、機能ごとのパーツの検証・改良を行います。各パーツの完成度が満足する状態になった時点で、各パーツを組み上げ、総合訓練を行います。総合訓練では全機能を動かし、各機能の連携、バランスを改善します。総合訓練によってパーツの問題点が多数出た場合、再度、機能別訓練に戻り、修正を行います。

再び、総合訓練によって全体のバランスを確認し、完成度を高めます。このとき、もう一度指揮所訓練センターにおいて、戦法のシミュレーションを行い、改善を加えます。そして、実動による対抗演習を行い、実戦で通用する戦法へ仕上げます。

実動演習による検証は、2つの視点で行います。

1つ目は、隊員が戦法を運用できるレベルに達していて、不備事項が出ているのかどうか。

2つ目は、隊員が必要なレベルに達していないため、不備事項が出ているのかどうか。不備事項が発生しても、2つの視点で確認しないと、戦法が悪いのか、隊員の訓練が不足しているのかで、評価が大きく異なるからです。戦法に問題なく、隊員の訓練のレベルが不足しているのか、特定の機能には高いレベルの隊員が必要なのかを明らかにします。

このため、戦法を成り立たせる隊員の育成や、練成も進めなければなりません。実動訓練は、隊員の練成の場としても活用し、戦法を習熟した隊員を育成します。習熟した隊員がいるのと、慣れていない隊員が戦法を使うのとでは、精度・速度が異なるため、習熟訓練は、新しい戦法が部隊に馴染むまで徹底して行うことが必要となります。

第❷部 **模擬戦闘**編

# 第2章

# ターゲティング・システム

まず、①「目標と情報と火力を連結した火力打撃」について、5つの要素に分けて説明します。

## 1.「戦場の闇」をなくす

戦場は、情報がなければ真っ暗闇の状態と同じです。地図が手に入ると、真っ暗闇の中に道路、等高線、水系、崖、水田や畑、広葉樹林や針葉樹林が浮かび上がってきます。地図は信頼性が高く、正確な情報です。真っ暗闇だった空間は、地図情報により地形が明らかになりました。

ドローンを含む航空偵察による画像情報や目視による偵察で得た情報によって、敵の情報が地図に表示されます。航空偵察によって概略の敵の動きも掴めてきました。しかし、上空や地上からの監視によって見つからないよう行動を秘匿している敵を見つけることは難しく、戦車や歩兵部隊がどの程度の戦力で行動しているのか、把握することはできません。

航空偵察では、飛行している間は敵の配置や動きを入手できますが、飛行していないときは当然入手できません。地形の闇は地図によって消えましたが、戦闘地域となる場所に偵察を行う斥候や監視所、機械的なセンサーを配置していなければ、敵の動きを継続的に把握することができないのです。斥候や監視哨、機械的なセンサーから見えるところは闇を照らすライトが付いて見えるような状態になっていますが、斥候や監視所という闇を照らすライトがないところは暗闇のままで、暗闇の中を行動する敵を探知することはできません。

戦場を照らすライトを多く付ければ、戦場は明るくなりますが、戦闘要員から多くの斥候や監視所に必要な人員を抽出しなければならず、最前線で戦う戦闘員の戦力が少なくなってしまいます。このため、敵が必ず使用する経路や場所、十字路などの重要な場所に限って情報収集要員を配置して敵の動きを把握することが、情報活動の基本的な考え方でした。

従来のこの考え方では、敵の行動を把握することはできますが、火力を指向するには火力戦闘部隊のＦＯ（前進観測員）が必要になります。しかし、ＦＯは数に限りがあるため、ＦＯが配置されている場所には火力を指向することができますが、ＦＯが配置されていない場所では有効な火力を発揮することが難しい状態となります。

情報不足による「戦場の闇」をなくし、火力によって敵を叩く戦い方ができれば、直射火器による戦いは減少でき、味方の損害を大幅に減少させ、敵を撃破することが可能となります。

当時、まだ、この戦い方を戦法として具体化している部隊はありませんでした。そこで、戦場となる場所を監視できるシステムを構築し、監視している部隊が戦場に侵入した敵に対して砲迫火力を要求して敵を撃破する戦い方を「ターゲティング・システム」と40連隊で命名し、戦法の開発を開始しました。

まず、40連隊が活動する地域に監視部隊、斥候を配置し、戦場を照らす「ライト」として、戦場を明るくする必要があります。そのため、40～60組の斥候や監視所を配置しなければなりません。情報小隊の斥候要員だけでは不足するため、各中隊から斥候要員を抽出したり、戦車部隊や施設部隊、特科部隊の情報収集要員も運用する必要があります。そして、情報収集部隊の運用と収集した情報の集約を、連隊の情報集約センターが一括して行います。

「ターゲティング・システム」では、情報を収集するための部隊を各戦闘部隊から抽出するため、第一線部隊の戦力が低下しますが、小銃などの近距離での直射火力による撃ち合いをすることなく、また、敵に発見されることもなく砲迫火力により敵が戦闘状態に入る前に火力で撃破することが、この戦法の特徴であり長所です。

## 2. 情報と火力戦闘部隊との連携

指揮所と火力調整所の配置には注意が必要です。離れていると有線電話で連絡を取るか、どちらかの場所へ行き調整をしなければなりません。指揮所内で顔の見える位置に火力調整所を設置すれば、指揮所内の会話や、近くに行くだけで調整が可能となります。

また、連隊の情報を担当する2科と火力調整所が隣り合わせになっていれば、連隊の斥候や監視所が収集した敵の配置情報を火力調整所へすぐ連絡することによって、即座に火力を目標へ指向することができます。

火力調整所の必要とする目標の正確な座標（位置）を素早く伝えることができれば、目標発見即砲迫による射撃が可能となり、斥候が敵を捕捉することができれば数分後、火力によって敵を撃破することができます。

当時、指揮官が状況判断をするために必要な情報が重視されていたので、例えば戦車1両の位置や歩兵3名の位置などの細かな情報は連隊長へ伝えることはしていませんでした。連隊本部2科の情報幹部が、小隊や中隊規模の部隊の配置状況を処理して、連隊長は状況判断に集中できるようにしていました。

収集した情報と火力の目標とが結び付いていなかった状態を改善し、収集した歩兵や車両、火力戦闘部隊などの個々の目標の正確な位置を掴むことができれば、火力戦闘部隊と連携し、目標発見即射撃が可能となると考えたのです。

## 3. 目標情報の発見即射撃

通常、砲迫火力は、ＦＯが砲迫火力の目標となる敵の状態（人員なのか車両なのか、立姿か伏せているのか、陣地内にいるのかなど）と位置情報が、火力戦闘部隊内に設置された火力調整所へ報告され、火力戦闘所が火力の配分を行います。戦闘を行っている第一線部隊からの射撃要求も、第一線部隊に同行しているＦＯから行われます。

連隊の情報を収集し、集約している2科の情報に基づく火力の指向は、防御している敵を攻撃するために偵察活動を十分に行い、陣地へどれだけ射撃を行うかを火力戦闘部隊と第一線がよく調整して行う「計画射撃」では行われますが、前もって計画していない新たに発見した敵への射撃は、「臨機目標射撃」といい、敵のヘリボーン攻撃や空挺攻撃対処のための火力発揮以外は、射撃の優先度は低くなります。

「ターゲティング」は、通常優先度が低いとされている「臨機目標射撃」を火力発揮の主軸にしようとする考えです。さらに、ＦＯの射撃要求に限定することなく、監視所、斥候、第一線部隊からの情報を入手した2科から火力調整所へ情報が送られ、敵の情報＝射撃要求にするシステムでもあります。

砲迫射撃を指向する人員、車両、後方施設、指揮所、通信施設などの目標を「目標情報」とし、斥候や監視所が目標情報を入手した場合、速やかに無線・有線通信によって、停止中か、陣地の中にいるのか、徒歩移動中なのか、装甲車か通常の装輪車かなど、敵の状態と正確な位置情報を情報集約センターに報告します。

収集した目標情報は、情報集約センターと隣り合わせで机を並べている火力調整所のメンバーへ伝達され、１２０㎜重迫撃砲を指向するか、１５５㎜榴弾砲を指向するかを決定します。火力調整所からの射撃命令は、火力戦闘部隊へ伝えられ、射撃準備ができ次第、速やかに射撃を開始します。

従来の「計画射撃」を重視するスタイルから、「臨機目標射撃」主体の射撃要領へ移行するためには、火力戦闘部隊の理解が必要でした。彼らは当初、従来方式の適合性を主張していましたが、説得とＣＰＸ（図上演習）や実動訓練を積み重ねていくうちに、その有効性を認識し、ターゲティング・システムが完成しました。火力戦闘部隊の理解を得ることによって、ＦＯの射撃要領の技術を、斥候要員から第一線の部隊の隊員まで訓練を受けることが可能になりました。

斥候や監視所に配置される要員は、特科部隊・重迫撃砲部隊のＦＯから射撃要求の要領と射撃の効果を判定・報告する訓練を受けることによって、急速に情報収集部隊と火力要求を行うFOの役割を果たせるようにしました。

目標情報は8〜10桁の数字を使用し、位置情報を報告します。斥候や監視所要員は、あらかじめ敵が集結したり、停止しそうな場所の位置情報を正確に評定しておくことによって、数mの誤差程度で把握することが可能となります。正確な目標情報の位置情報に基づき、砲迫部隊が火力を発揮することにより、確実に砲弾を敵に撃ち込むことが可能になりました。

## 4．スカウトによる偵察能力の向上

斥候要員は、敵に発見されず敵中深くに潜入し、潜在し続ける必要があります。そのため、ネイティブ・アメリカンの狩りの技術の1つである「スカウト」の技術を部外のスカウト・インストラクターチームに体系的に訓練を施していただきました（詳細は『自衛隊最強の部隊へ―偵察・潜入・サバイバル編』参照）。スカウトは、その場所の雰囲気をベースラインと考え、ベースラインの中に入ることによって目立たず、発見されない戦闘技術を教えてくれました。

ベースラインを崩さず、自然に溶け込む方法を学ぶことによって、10mの距離でも見つけられなければやられることはないことを知り、周辺の状態と同化し見えない状態で敵の歩哨をくぐり抜ける技術を学び、敵の陣地地域に入り込み情報収集を行う能力を身に付けるための指導を受けました。

敵に近くても見つからなければやられないという考えと、それを支える戦闘技術は、本物であり実戦で通用するものでした。隊員は、スカウトの技術に触れたとき、目が点になりましたが、次第に実戦にめっぽう強いスカウト技術に魅かれていき、労を問わず自分のものにしようと努力するようになりました。

あわせて、火力要求要領を身に付けることによって、ターゲティングを成り立たせる重要な目標情報をあげ、敵へ砲迫射撃を指向することのできる戦士となりました。

スカウト訓練は、予想以上の効果がありました。隊員は、自然に溶け込むための訓練を通じて我慢強くなるとともに、精神的な安定度が高くなり、用心深く手強い兵士となったからです。

## 5. ＣＱＢによる近接戦闘能力の向上

ＣＱＢの至近距離における戦闘技術は、戦闘の基本ですが、ＣＱＢのレベルが上がると実戦で敵を確実に仕留め、やられなくなります。至近距離の戦闘は、精密な射撃はあまり必要ではないと思われがちですが、建物や障害物を活用した戦闘技術があり、射撃を行うときには敵は暴露する部分が数㎝しかないため、数㎝の目標を撃ち抜く正確な射撃技術が必要となります。また、部屋へのエントリーを行い安全化を図る行動では、迅速に動くため、ステップ1つ間違えばチームワークが崩れてしまいます。

陣地の周辺における敵の斥候との戦闘や、陣地の奥に潜入したときにおいて敵と交戦しなければならない状態になっても、素早く正確な近接戦闘能力を発揮して敵を倒し、その場を離脱することができる能力をＣＱＢ訓練によって練成しました（詳細は『自衛隊最強の部隊へ―ＣＱＢ・ガンハンドリング編』参照）。スカウト訓練とともにＣＱＢ訓練は、厳しい状況に陥った斥候が生き残り、任務達成できる能力を身に付けることを可能にしました。

ターゲティングは、戦法の完成だけではなく、（戦闘間における戦法を構成する）情報収集要員の健在性を追求し、戦法の安定性を強化しました。

第❷部 模擬戦闘編

# 第3章

# LRRP（ラープ）

## ベトナム戦争での活躍

②「長距離偵察戦闘部隊の現代版」は、まったく別の観点から得たアプローチでした。戦法のことを考えると、毎回甦る記憶があります。今から半世紀近く前、私が小学生から中学生の頃、ベトナム戦争が行われていた時期に存在していた部隊のことです。1960年代後半は、戦略爆撃機Ｂ52による爆撃が北ベトナム軍に行われ、ソ連製の対空ミサイルによって迎撃されたＢ52が炎に包まれながら墜落していく写真が新聞に掲載されていました。

地上戦では、米兵が北ベトナム正規軍やベトコン（南ベトナム解放民族戦線）と呼ばれる戦士に手を焼き、損害が拡大している映像がよく紹介されていました。

そのベトコンに大きな損害を与え続け、恐れられていた部隊が存在しました。あるときその部隊を紹介する写真を見て、私の目は釘付けになりました。写真の中の部隊は、ベトナムの特定民族と米軍の特殊部隊要員でチームを組んだＬＲＲＰ（ラープ）と呼ばれる部隊でした。ＬＲＲＰは特殊作戦の原型となる戦い方を作った部隊です。

通常であれば、戦闘チームはヘルメットに偽装網を付けた斉一な（一様な）服装をしているはずですが、ＬＲＲＰでは戦闘服の袖を切り取りタンクトップにしていたり、頭もブッシュハットや暗い赤と黒のバンダナを巻いていたり、統制はまったくないのです。それでいて全員が笑顔で、写真からは仲間としての連帯感がすごく感じられました。服装や装備も強さを求め極めていくと、美しさや格好良さが出てくるものです。まさしく極めた格好良さがあったのではないかと思います。そんな兵士たちのスナップ写真でした。

このときから、形にとらわれることなく最大の戦闘効率を追求する戦法の必要性を意識するようになったと思います。そして、実戦において損害を軽減し、戦いに勝利できる確率を高める各種戦法を、陸上自衛隊でも開発する必要があると考えるようになりました。

LRRPの「LR」はロングレンジ（Long Range）、「R」はリコネッサンス（Reconnaissance［偵察］）、「P」はパトロール（Patol）を意味するように、長距離偵察を主任務とした部隊です。さらに、LRRPは、長距離偵察だけではなく、パトロール中に発見した敵を叩く任務もあり、施設の破壊と部隊への攻撃を行い、多くの戦果を挙げました。

この部隊の任務は、地上及びヘリコプターによる空路から敵中深く潜入し、本隊より数十km以上離隔した敵の支配する地域や非武装地帯（DMZ）を越え、タイ、ラオス、カンボジア地域の偵察及び破壊、索敵を行うことでした。ベトナム戦争が激化していく1967年、少人数で行動するチームはLRRP中隊規模の編成となり、破壊行動、空爆の誘導、襲撃活動など、さまざまな任務を遂行していきます。

坑道を掘り、神出鬼没で米軍を悩まし、損害を与えていたベトコンや北ベトナム軍を確実に倒していくため、ＬＲＲＰは北ベトナム軍から恐れられる存在となりました。ベトナム戦争当時のベトコンは民兵のような存在であり、北ベトナム軍も近代化は進んでいない状況でした。近代化が進んでいない時代においても、ＬＲＲＰに支配地域に潜入され、各種破壊工作や部隊の襲撃、空爆誘導をされることは、大きな損害と脅威となりました。

近代化が進んだ現在に、ＬＲＲＰのような部隊により戦闘重心の破壊や機能を低下させる活動をした場合、戦闘力の発揮が大きく阻害され、部隊の組織的な活動が急激に低下し、混乱状態になるのではないかと考えたのです。

## 現代版ＬＲＲＰ

40連隊独自の戦法として作り上げるＬＲＲＰは、敵の支配している地域内の奥深くまで潜入し、潜在することによって、後方地域の警備を行っていない無防備状態を徹底的に破壊することを狙いとして作り上げることにしました。

もう１つ、必ず加えることは、ＬＲＲＰの存在が、戦闘間常に敵へ恐怖を与え続けることです。このためLRRPは、マルチな任務に対応できるように、潜入しやすい7〜9名の分隊規模の小さいユニットの編成に限定せず、中隊規模の部隊でもLRRPとして行動ができる建付けにしました。

ヘリボーン攻撃やレンジャー部隊による各種襲撃行動、砲迫射撃を行う目標情報の収集と正確な位置の把握、自然に溶け込み気配を消すネイティブ・アメリカンの行動を部外スカウト・インストラクターチームの指導と訓練を受け、近接戦闘に巻き込まれたときに強さを発揮するCQBもガン・インストラクターのナガタ・イチロー氏と長谷川朋之氏の訓練を受け、LRRP部隊の隊員は、各種戦闘技術を保有するレベルに仕上げる必要がありました。

そのためには、LRRP部隊を束ね、自ら考え行動し、修正をしながら戦闘を継続できる強い部隊を作り上げる指揮官が必要でした。指揮官はLRRP部隊の隊員から絶大な信頼を受け、窮地に強い団結を可能にしなければなりません。戦法だけが理論やコンピューター・シミュレーションで完成しても、実戦で使いこなす部隊がいなければ、その戦法は「絵に描いた餅」になってしまうからです。

戦法の開発と、戦法を使いこなす部隊・隊員の練成は両輪となります。LRRP部隊の指揮官は、LRRPを実戦に強いレベルに練成する役割と信頼度が高く、戦闘において抜群の強さと粘り強さを発揮する指揮官でなければなりません。だから、指揮官の選定は重要でした。

40連隊版LRRP部隊の初代の指揮官を誰にすればいいか考えました。レンジャー教官がいいのか、連隊の目と耳となって活動する情報小隊の隊員がいいのか、火力運用に精通している幹部がいいのか、思いを巡らしました。LRRP指揮官の選定はゼロベースからスタートし、1週間以内に選定すると自分の中で決めました。これ以上期間を長くしても、悩むのではなく迷う状態になってしまうと考えたからです。

しかし、結論は思った以上早く出ました。

「やはり、1中隊長の馬場3佐しかないな」

そう考えたからです。

1中隊長の馬場3佐との出会いは、40連隊長として小倉駐屯地に着任し、各階級のメンバーごとに40連隊を実戦でめっぽう強い部隊にすることを説明していたときでした。

九州は、北部九州地域を第4師団、南部九州地域を第8師団が担任しています。40連隊は、4師団に所属しています。私は連隊長になる前は第8師団司令部の3部長で、師団の作戦、教育訓練を担当していました。

40連隊の主要幹部は、ライバル師団で訓練の主軸を担っていた3部長である私が4師団の

40連隊長として着任し、今の状態では8師団の部隊にはかなわないと口火を切り、実戦に近い訓練の状況で部隊を練成しなければ強くならないこと、訓練量が不足しているので競技会は射撃以外なくし、訓練時間と出場人員を増やす必要があるなどと言われ、中隊長や幕僚は面白くない顔をしていました。

あえてそういう態度で臨んだのは、ライバル師団から来た男から挑戦的な話を聞いた中隊長と幕僚が、どのような反応をするか確認したかったからです。予想通り不機嫌な顔をしているメンバーがほとんどです。「40連隊は連隊長から言われるほど弱くありません」と答える中隊長もいました。

8師団の行っている師団戦闘競技会の話をすると、ライバルに対する目つきから、そのような訓練をしているのかという驚きの顔に変わってきました。そして、戦闘競技会で使われた戦法の話や、その戦法を打ち破るための訓練をいかに部隊は自発的に行ってきたかを話していくうちに、一緒にやっていこうかなという目つきに変わっていきました。

しかし、「ここは4師団ですから、4師団のやり方で強くなるべきだ」、「競技会で生きてきた隊員がいるのにこの隊員を訓練に戻すのか、競技会で負けてもいいのか」という意見も出てきます。

私が「自分たちが強くなれると考えた訓練をやるべきではないか」、「競技会で負けても、戦闘で負けなければいいと考えている」と話すと、中隊長たちは、隣同士でがやがや話し始め、お互いに考えをぶつけている状態になりました。

1人だけ、腕を机の上に置き下を向いたまま反応をしない、妙に気になっていた男がいました。話している間、下を向いているのですが、私と目を合わさないところで、ギラッと目から光を放っていました。

皆が意見を戦わせているとき、この男は、初めて顔を上げ、

「これ、楽しいですね。本気でやっていいのですか」と、口を開いたのです。

メンバーの視線が彼に注がれました。彼は色が黒く、ギロッとした目は獲物を追いかける眼でした。贅肉1つない身体は、見た瞬間、ストイックであることがわかりました。そして、こう言ったのでした。

「連隊長、その世界へ私たちを連れていっていただけるのですね」

腹をすかせたオオカミのような感じですが、優しい目をしていて、口調も柔らかで微笑んでいました。

「さっきから行こうと話しているじゃないか」と私が答えると、

「決まりですね。皆さんどうですか」と彼は言いました。

このとき、「この男とともに、40連隊の強さを追求したら面白いな」と直感的に感じました。その彼が、1中隊長の馬場3佐（馬場中隊長）だったのです。馬場中隊長は、青白い炎で焼き尽くすタイプです。納得するまで作戦に必要な準備を行い、一度狙った獲物は仕留めるまで諦めず、執拗な攻撃を行うため、狙われた獲物は逃げられません。

部隊・隊員のモチベーションを高く保持し、目標のレベルに到達するための部隊の練成ができます。馬場中隊長の本気度は高く、その姿勢は部下にビシビシ伝わり、本気モードで戦うための訓練を行おうとする、意識が高い部隊を育成していました。

馬場中隊長にLRRPの運用要領を話し、細部の詰めを進めてもらい、40連隊の独自の戦法として40連隊版LRRP戦法を作り上げることにしました。

## 敵の情報活動を封じ込む

LRRPを中隊規模まで拡大したのは、戦場と予想される地域に前進した敵が情報を収集することができない状態にするためです。地上偵察部隊や通信中継部隊は、戦場地域や敵の後方に潜入することによって、味方の戦闘に必要な情報を収集します。偵察部隊は、敵との接触の可能性が低い地域を行動する場合、主力が使用する経路の状況や通行できないときに使用する予備経路の偵察を行いながら前進します。

敵との接触の恐れが高くなるにしたがって、敵に発見されないように小部隊に分かれ、監視所の設置した定点監視を行ったり、敵の支配地域へ潜入して敵の兵力や配置に関する情報を収集します。

情報部隊が小部隊やチームに分かれて行動をしているときは、行動を秘匿して偵察や監視行動を行っているため、発見することが難しい状態です。味方の陣内に偵察部隊の侵入を許してしまうと、味方部隊の状況を収集されるだけではなく、空爆や砲撃の要請を行われる危険性もあり、非常に厄介です。この敵の偵察部隊を撃破できれば、敵を情報が入らず真っ暗闇の中で戦う状態にさせ、有利な状態で作戦を行うことが可能になると考えました。

敵の偵察部隊をまとめて叩くために、空中機動を含め各種移動手段を活用し、敵の偵察部隊がまだ戦闘の可能性が低いと考えて行動する経路沿いにＬＲＲＰを配置して、敵の偵察部隊を襲撃することによって大きな損害を与えることができます。

さらに、敵が偵察行動で使用する経路や場所を予想してＬＲＲＰを配置し、襲撃から生き残った敵の偵察部隊を撃破することができれば、敵はほとんど情報が入らない状態に陥ります。

LRRPの1つ目の任務は、敵の偵察部隊の撃破にしました。

## 部隊に与える恐怖

戦闘重心となる「情報」、「指揮・統制」、「火力統制」、「通信」、「兵站」機能をLRRPによって破壊するか、機能低下させる運用を具体化しました。そして、敵の指揮所の破壊の優先順位を高くしました。指揮官を失うことにより組織の機能を低下させることができ、指揮官の位置する場所周辺には「指揮機能」、「情報機能」、「火力統制機能」、「通信機能」を支える部隊が展開しているからです。指揮官を倒す行動は、戦闘重心の主要な機能もあわせて破壊することができます。

陸上自衛隊の訓練では、連隊長クラスの指揮官が戦死してしまうと指揮官の状況判断や幕僚活動の指導・統制が訓練としてできなくなってしまうため、指揮官が戦死してしまうような状況をあえて作ることはしませんでした。

部隊同士が自由に戦う訓練方式になっても、指揮所は襲わないという暗黙の了解があるように感じました。このため、指揮官はどのような場合でも戦死せずに部隊を指揮することができるのが当然のような感覚がありました。

実戦では指揮官がやられた場合の訓練を積み上げていなければ、指揮官を失った部隊は組織としての強さを急激に失ってしまいます。指揮官を常に狙っている部隊の存在を知らなければ、潜入に成功したＬＲＲＰによって指揮官及び戦闘重心を容易に叩くことができます。ＬＲＲＰの存在をもし掴んでいれば、支配地域でも兵力を使いしっかりした警備を行う必要が出てきます。それよりも、常に狙われていると思うと、動きが小さくなったり、前線視察ができなくなります。

また、作戦会議で指揮所へ部隊長を集合させるような場面では、ＬＲＲＰの襲撃を受けた場合、装備の損害よりも、作戦を実行する各種指揮官と主要な幕僚を失うことになります。作戦会議もしっかりした警備なしにはできません。

しかし、しっかりした警備をすることによって、かえってその行動自体が兆候となり、行動を掴み取られ、空爆や砲迫の射撃目標として評定されてしまう恐れが出てきます。ＬＲＲＰが行動するとわからなければ行動の自由が確保でき、ＬＲＲＰの存在を知れば指揮官は常に自分の身の安全の確保が必要となり、ＬＲＲＰの存在自体が恐怖となっていきます。

ＬＲＲＰの訓練では、徹底した指揮所、火力調整所、情報、通信の部隊・組織の配置場所の解明と襲撃要領を詰め、戦闘重心を破壊する戦法を作り上げました。

第❷部 **模擬戦闘**編

# 第4章

# 新戦法システム始動

## 図上対抗演習

コンピューターが戦闘結果を判定する戦闘シミュレーション・システムが方面隊ごとに設置されています（指揮所訓練センター）。そこでは普通科中隊、戦車中隊、高射小隊、通信を支援する小隊などが、コンピューターの設置してある各ブースで、部隊の行動を入力します。入力した行動をコンピューターが判定し、判定結果を画面で確認できるようになっています。

連隊指揮所と火力調整所は、実際の演習場で活動するのと同じように大きなテントを張り、通常の指揮所活動を行います。テントは指揮所訓練センター内の敷地に設置します。

連隊指揮所には、普通科中隊から有線が引いてあれば有線電話で、なければ無線機で情報や報告が送られてきます。中隊からの戦闘結果は、連隊指揮所では演習場で実行動を行っているのと同じ形で入ってくるので、本物の訓練とまったく変わらない状態です。中隊以下は、連隊から示された命令に基づき、あらかじめ決められたフォーマットに中隊の行動を入力していきます。

例えば、部隊を５㎞離れた場所へ移動させる場合、車両か徒歩かを選択します。車両移動ならば、車両へ乗車する時間、選定した経路を車両で移動する時間、車両を停車して降りる時間をコンピューターが判断して、20分後に部隊が到着したという判定をします。

機関銃陣地へ火砲の射撃を行った場合、弾着を観測するFO（前進観測員）が見ていないと、命中率が大きく低下します。FOと斥候の2ヵ所で観測ができる場合、正確な観測ができるため、命中精度がかなり高くなります。

夜間は、照明弾によって明るくなり、弾着が観測できるところにFOや斥候が配置されている場合、命中率が高くなります。照明弾の処置がない場合、精度は大きく低下すると判断し、命中率も低下します。

斥候も寝かさず、四六時中行動させていると疲労度が加算され、休憩させないと動かなくなります。部隊も休憩すると行動力が戻ります。当然、戦車を含め車両に燃料を補給しなければ、動かなくなります。弾薬がなくなり、補給しなければ、いくら射撃命令を出しても射撃はできません。歩兵同士で戦闘を行う場合も、弾がなければ圧倒的に不利な状態となり、大きな損害を受けます。

このように、コンピューターと戦うというよりも、実戦に即した行動をとらないと思ったように部隊が動かず、戦果を得られません。かなり実戦的な状況で訓練ができるといえます。

連隊指揮所は、実動訓練と同じ状況で情報や報告が入ってくるので、とてもリアリティーがあります。しかし中隊以下は、パソコンを見ながら戦果や行動の判定を受け、地図に展開しながら次の行動を入力する一連の流れを状況終了まで行うので、実際の状況を頭にイメージしながら行動命令や各種動作をパソコンに打ち込むため、戦場にいる状態ではありません。

敵部隊の入力は、指揮所訓練センターに所属している隊員が実施します。入力に慣れておらず、時間がかかってしまうと、入力慣れしている指揮所訓練センターの隊員との戦闘は実際の戦闘様相にならないため、参加する部隊は入力の訓練をあらかじめ受け、所要のレベルになった状態で行います。

また、指揮所訓練センターの隊員ではなく、他の部隊が敵部隊として入力すれば、別の連隊対40連隊との対抗戦が可能となります。

新戦法システムの可否を判断する指揮所訓練センターの訓練は、2つの段階に分けて新戦法のテストをすることにしました。第1弾は、指揮所訓練センターに敵部隊を担当してもらい、陣地防御の状態でターゲティング戦法とLRRPを始動させて戦闘を行います。また、第2弾は、敵部隊を師団内の普通科連隊が担当し、さらに自由な意思を持ち、同じ能力の指揮官（連隊長）が率いる部隊との攻撃対攻撃の遭遇戦を行います。

この2つのテストによって、コンピューター・シミュレーションによる戦法の修正を行い、修正後、実動訓練に入ります。

1日半後に攻撃部隊が40連隊の陣地まで進出するという想定で、第1弾である指揮所訓練センター側が攻撃、40連隊が陣地防御というシミュレーションがスタートしました。コンピューター・シミュレーションですが、連隊本部要員と各中隊本部と小隊長、40連隊を支援する戦車・特科・高射・通信部隊、テントを張ったり食事を配食したりする管理部門を入れると、100名をゆうに超える規模になります。

「橋通過後の敵偵察部隊車両2両中破」、「敵偵察部隊オートバイ2台撃破、装甲車1両小破」などと、LRRPから敵の偵察部隊の襲撃成果が次々に無線で送られてきます。

作戦運用を担当し、連隊長の右腕である第3科長が

「上手くLRRPの網にかかりましたね」と私の方を向いて伝えてくれます。

作戦が当たったのです。LRRPの指揮官は、第1中隊長の馬場3佐です。

「馬場に狙われたら、壊滅状態になるまで執拗な攻撃が準備されているだろうな」と言うと、

「現在、40連隊最高の中隊長ですから」と3科長が答えます。

少し経つと、LRRPからの無線が入らなくなりました。無線を中継する中継局を1ヵ所

出していますが、かなり離れた場所で行動しているので、襲撃部隊を移動させているならば無線の圏外になっても仕方がありません。

今回の作戦で、ＬＲＲＰは味方の第一線陣地から40㎞以上離れた河川付近で敵偵察部隊を襲撃する部隊を配置しています。川幅の広い場所では、主要な接近経路が橋に限定されるため、敵が橋を渡り切った場所からある程度前進し、車両やバイクの走る経路が限定されたところに襲撃場所を設定し、部隊を待機させたのです。このＬＲＲＰの襲撃によって、敵の主力から先行して活動する情報収集部隊の8割近くを撃破する計画なのです。

敵情報収集部隊は、40連隊がどこで陣地を構築しているか、警戒部隊はどこに配置されているか、戦闘陣地前面に作られた地雷原の状況などを偵察し、攻撃計画の作成に資する情報を収集しようとします。これを可能な限り撃破してしまえば、敵は必要な情報を入手できなくなります。

さらに、40連隊が防御を行う地域の情報が入らないため、敵は40連隊が支配する地域に何があるかわからず、探すための「目」となる情報収集部隊もないため、このまま前進する場合、敵は当初から真っ暗闇の状況不明な戦場で主力を前進させなければならなくなります。

情報を得るためには、主力よりも早めに行動している戦車が配属された1個大隊基幹（戦力の中心となる大隊に戦車や特科部隊などが配属されている場合、「基幹」という）の先遣部隊が、前進しながら逐次情報を収集する方式に切り替えなければなりません。普通ならば、敵先遣部隊は情報収集部隊の収集した情報に基づいて、ほとんど防御準備をしていない40連隊の警戒部隊の弱点を把握し、迅速に攻撃を行いますが、情報収集部隊が撃破されてしまうと、まさに真っ暗闇の中を無防備のまま飛び込むことになります。

敵の情報収集部隊を撃破してしまうことは、作戦に重大な影響を与えることになるのです。加えて、敵先遣部隊は、40連隊の構築している陣地近くまで前進した後任務は終了となり、後方地域で弾薬補給や破損した装備の修理や整備、損耗人員の補給を行いながら、攻撃部隊の予備となります。つまり、この先遣部隊が戦力を大きく低下させられると、敵は予備兵力の乏しい攻撃を行わなければなりません。このため、古来より「緒戦の成否が全体の作戦行動へ大きな影響を及ぼす」と言われるのです。

敵の情報収集部隊を潰してしまう行動は、敵先遣部隊の戦力低下を可能にし、作戦全体の勝利につながるほど、敵にダメージを与えることができるのです。

しばらくすると、ＬＲＰから報告が入りました。

「敵偵察部隊撃破は35％程度、残りの部隊は40連隊の主陣地方向へ前進中、第一線部隊警戒せよ」

3科長が「思ったよりも叩けませんでした」と言い、LRRPへ「(目標とした)8割撃破できなかった理由」を確認しています。

馬場中隊長からは「障害を設置していなかったので車両を十分止めることができず、撃ち漏らしました」と返答がありました。

正確に表現すれば、「敵の偵察部隊の車両を、地雷などの障害を使用して停止させる処置をせずに射撃のみで襲撃したため、命中率が低下し低い撃破率の判定をコンピューターが行った」といえます。しかし、どう戦うかは現場の判断であり、一律に「射撃のみだから」と低い撃破率が採用されれば、戦闘のリアリティーがなくなります。戦闘というよりも、コンピューター対策の訓練のようになってしまう恐れがあります。

「もう一度、LRRPで偵察部隊を叩きますか」と3科長が聞いてきました。

まだ、河川により敵の偵察部隊が橋付近で集まるような場所は何ヵ所かありますが、LRRPが襲撃のための態勢をとるために必要な時間が十分確保できません。

「予定通り、次の行動にかかろう」と私は答えました。

LRRPの主力は、敵の車両斥候に見つからないようにするため、敵の使用する接近経路から離れた丘陵の中に拠点を構えています。橋付近で襲撃を行った部隊は、行動を秘匿できる経路を通って拠点に戻り、補給と休養をとりつつ、敵主力の情報を収集します。

この戦闘結果により、襲撃は敵の車両を停止させる工夫をすればより大きな損害を与えることができるという、戦法の修正に必要なデータを得ることができました。

「LRRP襲撃部隊は、あらかじめ予定していた経路を使用し拠点へ向かう。損害は、軽傷2名のみ」と、LRRPから襲撃を終了後、部隊を集結し拠点への移動を開始する報告が入りました。

「監視哨情報。敵偵察部隊A道、B道、C道の3経路を使用し前進中」という無線が流れます。監視哨《しょう》の情報を取りまとめたのでした。LRRPの本部は、通信が状態の良い場所に設定しているため、先ほどの襲撃部隊のような不安定な通信状態にはなりません。

「敵主力は幅員の狭いD道は使用しないと判断できます。航空偵察によって敵主力の戦場到着が4時間後と判明しました」と、40連隊の情報を担当する第2科長からの報告を受けました。

「4時間後、敵地上部隊がターゲティング戦場に進出することを全部隊へ通報します」と、同じく2科長。

私が2科長と3科長へ、

「後方から敵を攻撃するＬＲＲＰを、ターゲティングにより打撃しないように火力の統制を確実にせよ」と指示を出すと、３科長が地図上に火力制限区域と書いてある透明なビニール（オーバーレイ）を広げました。

オーバーレイにはＬＲＲＰの活動範囲が囲まれており、図形内はＬＲＲＰの活動地域として、砲迫射撃に制限をかけていることがわかります。

「ＬＲＲＰからの射撃要求がきたならば、戦闘団本部が確認し、四角い範囲内では安全を確認後、射撃許可を出します」と３科長が説明しました。

了解して、人員交代時の認識不足によって友軍相撃（同士討ち）にならないように、再度徹底しました。

「このシステムは、どの射撃が友軍相撃になったのかデータが残り、わかりますから、リアリティーがあります」

さらに３科長は続けます。

「砲迫火力の射撃１つ１つの効果や着弾の状況がわかりますから、戦法の検証に適しているシステムだと思います。斥候や監視哨から報告される目標の位置情報の精度もわかるので、皆やる気満々です」

なるほど、ターゲティング開始の合図で皆が一気に燃え上がったのは、本気で取り組めるリアリティーがあるからだとわかりました。

射撃目標となる敵部隊や施設を「目標情報」と呼びます。LRRPの監視哨の手前には、ターゲティングのために目標情報を収集する斥候が30個以上展開しています。斥候や特科のFOが情報を収集し、報告してきます。

収集した目標情報が移動中の場合、5分後に射撃をしてもその位置に部隊はいない可能性が高く、成果を挙げることはできません。効果的な射撃を行うためには、敵部隊が停止をしている状態が適しています。

地雷などによって敵部隊が停止したり、次の射撃準備をしたりしているときが、ターゲティングをかけるタイミングとなります。

「目標情報へあらゆる火力を一挙に発揮するターゲティングをかけるとどうなるか、早く見てみたい」と、火力調整所で目標情報への火力の割り当てを行う幹部が、じりじりしながら待っています。砲迫部隊もすでに射撃準備を完了し、通信は誰も使用しません。いつ火力発揮の指示が出ても対応できるように、部隊も待機しています。

敵の主要な接近経路沿いの建物にあらかじめ潜伏しているLRRPの監視哨から、報告が入りました。

「敵主力、ターゲティング地域へ逐次侵入中」

指揮所内が瞬時に静まり、全員が集中し始めました。次々に斥候、監視所から敵の前進状況が報告されてきます。

「完全に情報網の中に敵を捉えました」

2科長は、敵はこちらの読み通りの行動をとっていることを指揮所全員へ伝えます。すでに射程距離内に入っている敵もいますが、射撃開始命令は出しません。射撃開始のタイミングは、敵を十分にターゲティング地域内へ入れてから、射撃による敵の被害状況を確認しながら、徹底的に叩く予定だからです。次々に入ってくる情報を、2科長が逐次報告してきます。

しばらくすると、2科長が駆け足で私のところに近付き、わざとらしいと感じるほどピシッと直立不動の姿勢をとって報告をしました。

「40連隊の陣地付近に到着したので、敵は前進を止め、部隊が展開を始めました」

敵全体の動きを判定したのでした。静まり返っていた室内がこの言葉を聞いた瞬間、全員からグオーッという炎が一挙に噴き出しました。

この判定が、ターゲティング開始の条件だったからです。

3科長から、

「ターゲティング開始します」との報告を受け、予定通りなので親指を立て
「そうだね」と答えました。

開始承認後、

「ターゲティング開始‼」

3科長が、いつもは出さないような大声で、テント内に響き渡る射撃開始の指示を出しました。情報担当、火力担当、部隊担当から次々に「ターゲティング開始！」の無線が全部隊へ流されます。「ターゲティング開始了解」の報告が次々に入り、指揮所の中は急激に熱気と興奮で燃え上がり、その興奮が部隊へ瞬く間に伝わっていきます。

射撃開始の号令を待つまでに、火力調整所は火力戦闘部隊への目標情報の割り当て、位置情報を示しているため、ターゲティング開始の号令とともに火力戦闘部隊の射撃が始まりました。

連隊本部と火力調整所のメンバーは、新戦法始動によってものすごく気合が入っています。

今日の夕方から朝まで徹底的にターゲティングを継続する予定です。2科長と3科長、火力

調整所が一丸となって、敵の位置とその状態を示す目標情報に対して火力部隊へ射撃目標の割り当てを行い、準備でき次第次々に発射させます。

「特科初弾発射」、「重迫撃砲中隊初弾発射」、「81㎜迫撃砲初弾発射」。火砲が唸り始めました。特科部隊からすぐに

「だんちゃーく（弾着）、今！」と連絡が入ります。30秒を過ぎると、放物線を描いて飛行する迫撃砲弾も次々に着弾します。射撃後、すぐに次の目標へ射撃を行います。連隊指揮所内の火力調整所では、斥候が収集して報告してくる目標情報を2科と確認後、火力戦闘部隊へ割り振ります。

射撃効果を確認したいのですが、途切れなく報告される目標情報の確認と割り振りが忙しくて、それどころではありません。

しばらくすると、「敵の大型車両2両撃破」、「敵の対戦車ミサイル部隊の車両3両撃破」、「敵の徒歩兵10名撃破」と、射撃による成果が次々に報告されてきます。2科、3科、火力調整所は、射撃のための目標情報の収集と割り当て、射撃効果の判定をあわせて行っているため、息をつく暇がないほどの忙しさです。

「次は、対機甲火力の発揮だな」と3科長に言うと、

「連隊の設定した戦車撃破地域へ戦車と装甲車が間もなく侵入します」と3科長は、こちらを見ずに射撃機会を待ちながら答えます。

「戦車撃破地域に敵戦車の侵入確認後、対機甲火力を発揮します」と報告を受け、

「予定通り進めよう」と返すと、間もなく

「対戦車ミサイル射撃開始」の号令が出ました。

まず、敵戦車まで飛行時間の長い対戦車ミサイルから発射します。その後、初速の早い戦車砲を射撃し、ほとんどミサイルと戦車砲の弾が同時に敵へ弾着するように時間を合わせます。

「戦車撃て」の号令で、戦車砲が火を噴きます。実際の戦場は、敵の戦車と装甲車へ多方向から対戦車ミサイルと戦車砲の弾が同時に弾着し、一瞬にして大きな損害が発生している状態になるはずです。

「敵戦車5両炎上中」、「敵装甲車3両から黒煙確認」と次々に報告が入ります。対機甲火力戦闘部隊は、敵の機甲部隊が戦車撃破地域から離脱するまで、何回も同時弾着射撃を繰り返します。

目標情報に対しては、砲迫火力が先ほどから射撃を継続しています。

「敵の指揮所や通信施設、火力調整所を発見したら、優先的に叩いてみよう」と言うと、3科長は、

「射撃優先、敵の指揮所、通信施設、火力調整所」と指示を出します。

アンテナの多い施設や車両、配置している場所から敵の指揮所、通信施設と判断し、第1優先で射撃を行います。

2科長が、

「3ヵ所、指揮所または通信所らしきものが確認できていますので、破壊する弾量を撃ち込みます」と報告します。

射撃優先目標以外も、継続的にターゲティングをかけ続けます。20分後、

「指揮所らしき目標すべて破壊しました」と2科長から報告が入りました。

ターゲティングによって損害が拡大している敵部隊が、ついに耐え切れず後退を開始しました。後退する部隊に対しても、砲迫の射程ぎりぎりまで、ターゲティングによって敵の撃破を追求します。

戦場全体を監視できるように配置してある斥候から、後退した敵部隊が集結している場所を特定し、引き続き射撃を要求します。敵部隊がここまで下がれば大丈夫と判断し、集結し

て態勢を立て直そうとしているところへ、射程の長い特科部隊の射撃によって、さらに損害が広がります。

ターゲティングに集中し、夢中になっている状態ですが、2科長へ現在まで敵をどの程度撃破しているか、撃破カウントを正確に行うように指示をしました。1ヵ所の斥候しか見えていない場所の撃破カウントは、戦車から黒煙が出ていたり、火災の発生から損害の確認が容易です。ターゲティングは、監視を行う地域を含めて2ヵ所以上の斥候や監視哨によって監視を行い、目標情報の位置の精度を上げるように配置しています。

2ヵ所で監視している各斥候から、同じ戦車が火災を起こしている情報が別々に報告され、指揮所の2科が同じ戦車の情報をダブルカウントしてしまうと、敵に与えた損害を2倍にカウントしてしまうことになります。これでは、上々の成果を挙げたと思っていても、実際はその2分の1の成果しか得ていないという大きなギャップが生じてしまうことになります。

このダブルカウントを防止し情報を処理するのが、2科の情報幹部の重要な役割となります。同じように、敵戦車を2ヵ所の斥候や監視哨で発見し報告した場合、報告された情報の確認と分析を行わないと、敵戦車が2両いることになってしまいます。このような報告が積み上がっていくと、敵が2倍いると指揮所が判断し、対応してしまうと大きな作戦ミスを犯すことになります。

情報幹部の情報の分析は、実戦では極めて重要となります。

2科長から、

「情報幹部が集計中です」と報告がありました。

正確ではなくても、おおよその敵の被害状況を掴みたかったので、

「正確に絞り込む前でいいから、戦車なら、最低5両、最大10両というように、戦車5～10両という報告を速やかにしてほしい」と言いました。

すでにかなりの戦闘を行っているにもかかわらず、敵の撃破の状況を指揮官がわからなければ、次に打つ手の効き目が低くなると考えたからです。

「もう少し時間をください」と2科長は言いますが、

「現時点で報告してもらいたい。今回は戦法のテストなのだから、間違っていてもいいよ。次に改善すればいいから」と言うと、情報を分析している情報所から情報幹部が出てきて、現在の撃破状況の報告が始まりました。

「あの、まだ正確に掴めないのですが、自分としては監視所に確認したり、情報小隊にも確認しているのですが、報告できる正確性を疑うほど、かなりの成果が挙がっています」と、

普段頭の切れの良い情報幹部が当惑しながら報告をします。

「戦車の撃破率は30％、装甲車は40～50％撃破をしています。敵部隊の指揮所と通信関係は、70％でほぼ潰しています。徒歩兵は、装甲車に乗車しているとすれば、かなりの損害です。最初に徹底的に狙った敵の砲迫部隊は、ほぼ壊滅状態です」

シーンとしていた指揮所内に拍手と歓声が起こりました。最前線の第一線部隊から指揮所、火力戦闘部隊が一丸となって行ったターゲティングの威力が予想以上であることが証明されたからです。

「まあ、撃破量が50％としてもかなりの成果だな。皆ありがとう。今夜は月も明るいし、夜間は照明弾も使用して照明弾下での観測射撃を行ってみよう。一晩中撃つと弾薬の消費がどこまでいくか、4科長はデータを取っておくように」と指示を出しました。

さらに、

「ＬＲＲＰによる襲撃を今夜実施する。実施についてはＬＲＲＰ長に任せる」とＬＲＲＰの行動開始を命じました。

「夜間も継続してターゲティング実施、照明弾下のターゲティングを行う。ＬＲＲＰ行動開始せよ。戦闘要領はＬＲＲＰ長の計画による」と、指揮所内で各部隊への命令伝達が始まりました。

特科部隊の射程外まで後退し、安全な場所で態勢を立て直そうとする敵に対して、ＬＲＲＰが襲いかかります。ＬＲＲＰは、敵第一線部隊が40連隊の陣地の近くまで前進している間に、敵の補給部隊や整備部隊、後方指揮所の情報を収集しました。敵戦闘部隊が後退して集結しようとしているときに、拠点で待機していたＬＲＲＰを前進させ、敵の戦闘力のほとんどない後方部隊を攻撃し、敵の戦闘継続機能を破壊します。

「ただいまより、ＬＲＲＰは敵襲撃を３回実施する」と報告が入りました。

「３回か…」と口に出すと、３科長が、

「馬場は、どうやらＬＲＲＰの各種戦闘データを取るため、いろいろやるみたいですね」と、私が心で思ったことを言葉にしてくれました。

間もなく迫撃砲の射撃が始まりました。

「81㎜迫撃砲射撃開始」

弾薬、燃料、食料などを補給する補給部隊の展開している場所と故障したり壊れた兵器や車両を修理する整備部隊が展開している場所（段列）へ、ＬＲＲＰによる迫撃砲の射撃が開始されました。継続的に照明弾を上げ、目標の確認及び目標の破壊状況を目視で確認します。

ほぼ同時期、偵察によって把握した敵の通信施設と指揮所に対して、2個小隊が84㎜無反動砲の照明弾を発射し、小銃、機関銃、84㎜無反動砲の砲弾を使用して、夜間の襲撃を開始しました。84㎜無反動砲は「カールグスタフ」と呼ばれ、対戦車弾、榴弾、照明弾、発煙弾を撃つことができる、マルチな性能を持つ個人携帯式の装備です。

2つの襲撃は短時間で行い、継続的な監視をするための偵察要員を2組残し、敵が混乱している間に部隊は離脱、拠点へ戻ります。レンジャー出身の馬場中隊長は、周到に準備を行い確実に任務を遂行する用心深さと大胆な行動により、敵に大きな損害を与えることに成功しました。

LRPの襲撃終了後、状況中止にしました。

3科長は「隊員は、もう少しターゲティングをやりたそうにしています」と言いますが、必要なデータが取れたので、このデータの分析評価を行い、戦法の修正に時間をかけたかったからです。

多数の斥候を派遣した場合の斥候の運用要領、多量に消費する弾薬の補給要領、敵の撃破カウントの仕方を早く修正するためです。

そして、あまり期間を置かずに、師団の計画する連隊対抗図上訓練があるからです。この、地図上で指揮機関の訓練を行うことを、陸上自衛隊ではＣＰＸ（Command Post Exercise）と呼びます。

今回は、指揮所訓練センターが40連隊の訓練ニーズに対応したＣＰＸでしたが、連隊対抗ＣＰＸでは、連隊同士の真剣勝負になります。この真剣勝負で新戦法がどのように効くのか、修正が必要なのか、最終チェックを行います。最終チェックが終了したら、実動訓練へ移行します。

## 図上訓練「連隊対抗戦」

師団は、40連隊のような普通科連隊を３～４個、戦車大隊、特科連隊などの部隊を有する、６０００名に近い部隊です。戦闘部隊の他に、独立的に行動ができるようにヘリ部隊や衛生部隊、補給・整備部隊などの後方支援部隊を保有しています。自己完結をしており師団独自でも戦闘が可能であることから、「作戦基本部隊」とも呼ばれます。

師団長が指導する訓練として「連隊対抗ＣＰＸ」があります。これは、師団内のそれぞれの連隊が自由に考えた作戦をコンピューターに入力し、戦闘を行うシステムです。コンピューター・シミュレーションを行うことのできる設備は、各方面隊に整備されています。戦闘結果も、「戦車2両撃破」とパソコンの画面に表示されるのではなく、「装甲車両から黒い煙が出ている」というように、現地で確認するような状況が表示されます。燃料や弾薬がなくなっている状態では、車両は動かず、射撃もできない状態になります。通信も実際と同じような状態で評価されます。山奥や谷に入ってしまったり、通信圏外に出てしまうと通信は通じなくなります。

砲迫火力の判定、部隊同士戦闘の判定も正確に評価できます。連隊本部から離れて行動する各中隊ごとに天幕が分かれていて、行き来は禁止になっています（戦闘を行っているのと同じ状態に置かれます）。

連絡は、有線を構成できている場合は有線電話が使用できます。その他はすべて無線で実施します。各中隊は、システムにデータを入力して部隊を動かし、戦闘結果もコンピューターで把握するため、コンピューター・システム上の戦いを行いますが、連隊本部は各中隊からの報告などが有線と無線で入ってくるため、実際の戦闘訓練の本部と同じ状態で訓練ができます。

今回は、「攻撃対攻撃」の遭遇戦の形式で、「連隊対抗ＣＰＸ」を行います。各連隊は、相手の連隊に勝利するため、ＣＰＸの準備段階からガッチリ編成を組み、全力で事前訓練に取り組み、必勝を誓ってＣＰＸに臨みます。

今回のＣＰＸを、40連隊では新戦法を試す機会と捉え、実動に移行する最後の図上シミュレーションと考えています。

「連隊対抗ＣＰＸ」は、攻撃対攻撃の状態が発生するように、両方の連隊のちょうど真ん中に位置する重要な地形（緊要地形）を速やかに確保し、敵を撃破する任務が両方の連隊に与えられます。状況開始とともに、「よーい、ドン」で連隊は緊要地形に向かいつつ、戦闘がいつ発生しても対応できる戦闘態勢をとって最大速度で前進を開始します。

今回、ターゲティングによって敵を撃破する範囲は、その緊要地形の一番遠い線に設定しました。一方、手前の線は山間部から平地部へ出る隘路《あいろ》（狭い道）の出口付近に設定しました。これは、最初から緊要地形を取ろうとは考えず、敵連隊に緊要地形を渡し、緊要地形を起点に攻撃してくる敵をターゲティングで叩こうという計画です。ＬＲＲＰは戦闘地域とは離れた山間部の経路を通り、緊要地形の奥まで前進し、拠点を確保した後、偵察を行い、敵の後方部隊、指揮所、通信所を破壊する計画にしました。

ターゲティング地域での火力発揮を迅速に行うため、戦場へ向かう戦闘隊形では、目標情報を収集するための斥候や監視所要員を先頭に前進させ、特科部隊や重迫撃砲（１２０㎜迫撃砲）の部隊を通常の戦闘隊形よりも前に出した隊形にしました。一般的には、普通科中隊を敵よりも早く戦場へ到着させ、迅速に戦闘加入できるように、戦車を配属した普通科中隊を戦闘隊形の前の方へ配置します。

「火力部隊を戦闘隊形の前に置いているから、どこかで普通科中隊を前に出さないとやられてしまうのではないか」、「火力部隊を先頭に置きすぎて、部隊の移動速度が出にくく、この段階で緊要地形は敵に取られてしまうのがわかるが、何を考えているのか」と漏れ伝わってくる話を集めると、40連隊は〝外野〟からは、最初から負けてしまうような行動をとっていると言われているようでした。

訓練を整斉と進ませる企画統制部の要員や、訓練後のＡＡＲの検討材料を収集するための補助官が連隊長、連隊本部各科長、各部隊に配置されます。

企画統制部や補助官は戦いについての助言や指導は行いません。しかし、このままでは緊要地形を取られてしまうのが明白なので、「この状況をどう見ているのか」から始まり、「緊要地形は取れると考えているか」など、多くの補助官が自分の付いている部隊長や科長に質問をしています。さすがに私に質問はしないのですが、ＡＡＲのときの主要なポイントになると考えているようです。

このまま時間が経過すると、敵が確実に緊要地形を確保できます。緊要地形確保後、次の攻撃のために1回部隊を止めて攻撃の準備をするのか、そのまま全力で隘路の出口まで押し込んでいくのか、緊要地形を確保し一部の部隊を引き続き隘路まで前進させるのかが、40連隊として欲しい情報でした。

与えられた任務から、緊要地形が確保できれば半分は任務達成ができたことになります。敵は次の戦いが有利になる緊要地形を取ってしまったので、40連隊が緊要地形確保のため攻撃してくる可能性があり、緊要地形を確保する必要性と、緊要地形を使い有利な態勢で戦えるようにすれば、戦力は同等なので、緊要地形を確保している方が圧倒的に有利になると考えるはずです。

敵連隊には40連隊に関する情報が十分ではないので、緊要地形を確保せずにそのまま隘路の出口まで前進することを選択する可能性はリスクが多く、かなり低いと考えられます。

緊要地形のところで敵がいったん停止すれば、ターゲティングのための斥候や監視所の配置が完成しますが、全戦力が無停止で隘路の出口まで前進された場合、ターゲティングを行う火力戦闘部隊の防護が完全には整わない状態になる恐れがあります。

数時間後、敵の先頭が緊要地形に到着しました。補助官が

「敵に守りを固められると、緊要地形は攻撃しても取れないから、急がないといけないのではないか」と言っています。

どうも、心配になって作戦に口を出しているようです。

「火力戦闘部隊の展開状況と偵察部隊の配置状況は」と3科長と2科長に確認すると、

「一部は緊急用に撃てるようになっていますが、すべての部隊は、あと2時間はかかります」と3科長から、ターゲティングのための火力戦闘部隊の準備に2時間が必要であることがわかりました。

「戦車中隊を先遣中隊に配属し、河川のところまで前進させ、警戒部隊として行動させよう」と、あらかじめ計画していた行動を行い、火力戦闘部隊の準備の時間を確保することにしました。

「緊要地形の奥まで入る斥候は3時間程度必要ですが、その他は1時間程度で配置が完了します」と2科長が報告し、予定通り配置が進んでいることがわかりました。

「敵の行動は」と聞くと、

「敵主力は緊要地形付近で停止し、態勢を立て直す可能性が高いです。その後、緊要地形を一部の部隊で確保し、主力で40連隊を攻撃する可能性が高いです」と、2科長が敵の行動に関する見積もり（敵の可能行動）を報告しました。

「予定通りだな」と言うと、

「ハイ」と返ってきました。さらに、

「ＬＲＰの前進状況は」と聞くと、

「見つからないように山間部の経路を選定して前進していて、２時間以上遅れています」と３科長が答えました。

「多分、馬場は処置をしていると思うが、敵の後方部隊の偵察のための斥候は早めに偵察できるように伝えてくれ。主力の行動の秘匿を重視し、敵に発見されないようにせよ」と指示を出しました。

10分も経たないうちに、

「斥候は間もなく偵察を開始できるところまで前進しています。時間が遅れても主力の秘匿を優先すると馬場から報告がありました」と、３科長がＬＲＰの状況を確認してくれました。

馬場に任せておけば安心だなと思いながら、火力戦闘部隊の展開を待ちます。

間もなく火力戦闘部隊の展開が完了するときに、

「敵の主力部隊の行動が活発になってきました」と報告が入りました。

敵の前進が始まる兆候です。

「ターゲティングは、敵の特科と迫撃砲の火力戦闘部隊、指揮・通信所、情報部隊を重視して実施しよう。目標情報は入ってきているか」と確認すると、

「逐次情報が入っています。現在掌握している情報部隊から叩きますか、敵の火力戦闘部隊の陣地侵入まで待ちますか」と2科長。

「40連隊の部隊の近くに配置されている情報部隊と、河川の近くまで進出してきた敵先遣部隊から、ターゲティングをかけよう」と言うと、3科長が射撃目標を指示し、

「1407（ヒト・ヨン・マル・ナナ）限定目標ターゲティング開始」と射撃を命じました。

10分後、

「初弾ただ今発射、飛行秒時28秒」、「特科射撃開始」と射撃が開始されました。

少し経つと、射撃効果の報告が入ってきました。報告内容をまとめると、平地部の車両の火災が10両以上発生し、監視所適地の錯雑した場所での車両火災が数ヵ所報告され、効果が出ていることがわかります。

火力戦闘部隊が火を噴き始めると、40連隊の火力戦闘部隊を射撃するための敵の特科や重迫撃砲部隊の陣地侵入が逐次開始されました。

「敵155㎜けん引車両6両、座標○○に停車中」、「敵重迫牽引車両△△から□□の間に陣地占領中」と斥候や監視所から報告が次々に入り始めました。

「敵の火力戦闘部隊の目標情報が入り始めたので、全力でターゲティングをかけます」と3科長が言い、

「了解。敵の火力組織が壊滅するまでターゲティングを行ってみよう」と答えると、

「ターゲティング開始、敵火力戦闘部隊重視」と指示が指揮所内へ流れました。

「目標変更、敵砲迫部隊を射撃」、「射撃目標敵通信施設」、「射撃目標停止中の車両」と次々に射撃命令が出て、ターゲティングが全力で開始されました。敵は完全にターゲティングの網にかかりました。

夜間は照明弾を使用した観測によって砲迫射撃を行います。これから休むことなくターゲティングは続きます。

情報幹部が、連隊指揮所内に設定した情報所で敵の活動の分析を続けながら、情報陸曹と協力して、敵部隊の撃破カウントを行っています。ただ撃つだけではなく、射撃後の目標の状況を確認しなければ、射撃効果は判定できません。今のところ射撃効果の報告が確実に行われているので、作戦前に行った斥候教育の成果が出ているようでした。ターゲティングの

効果の報告が楽しみです。

敵の普通科部隊へも、ターゲティングが開始されました。敵の戦車と装甲車は、対機甲火力戦闘部隊の射程の長い対戦車誘導弾と戦車射撃によって、戦車撃破地域に侵入した時点で対機甲火力のターゲティングをかけます。

敵戦車と装甲車へ対機甲火力を発揮していますが、北地域に設定した戦車撃破地域では、対機甲火力がなかなか火を噴きません。中央と南に設定した戦車撃破地域では、敵戦車の射程外から次々と対戦車誘導弾が発射され、敵戦車へ吸い込まれていきます。戦車撃破地域から後退しようとする装甲車へも対戦車誘導弾が指向され、かなりの損害を与えた手ごたえがあります。

ところが、北地区の戦車撃破地域では、対機甲火力が地形の影響と植生によって十分な射撃ができない状態です。

「このままだと2中隊の正面に出てくるな」と言うと、3科長から

「北の戦車撃破地域にこれ以上侵入させないために、後続部隊へ砲迫射撃によるターゲティングをかけています。2中隊長の鬼木3佐（鬼木中隊長）が、近くに配置してある戦車に陣地変換させ、対応を準備しています。中隊内の84㎜無反動砲を接近する戦車に指向するため、

北地区へ集めています」と報告を受けました。

馬場中隊長が青白い炎で巻き付くように倒していくタイプなら、鬼木中隊長は真っ赤な炎ですべてを焼き払い、一気に片を付けるパワーを発揮するタイプの指揮官です。

間もなく侵入戦車に対して、鬼木中隊長の対戦車火器が火を噴くはずでした。

「鬼木と話したい」と通信幹部に言うと、有線電話で鬼木中隊長とつなげてくれました。無線通信だと、片方が話しているとき、無線につながっているメンバーは聞くことができますが、話すことはできません。有線電話であれば、通常の電話と同じように双方で話すことができるので、情報量の伝達が無線通信の2倍となり、短時間に多くの情報のやり取りができます。

「2中隊長です」

鬼木中隊長が電話口に出ました。

「84（84㎜無反動砲）だと射程が短いから、射撃をした場合、2中隊の概略の位置が判明してしまう可能性がある。対戦車誘導弾の配置を少しずらすなどして見直してほしい」と話しました。

「準備に30分以上かかりますが、いいですか。それまでは砲迫ターゲティングで戦車と装甲車を分離して時間を稼ぎます」と返ってきました。

「それでいい」と指示は最小限の時間にしました。

対処するための時間がほとんどないため、鬼木中隊長が対応する時間を努めて多くするためです。各中隊長とは日頃からイメージを一致するようにしているので、自分のイメージ通り動いてくれると信頼していますし、考えていた以上の働きをしてくれます。対応の時間があればあるだけ、多くの働きをしてくれます。

30分もしないうちに、対戦車ミサイルが次々に発射されました。

「どうも、微妙な植生のところの設定で発動しなかったみたいです」と鬼木中隊長から報告が入りました。

こちらの最終点検が確実にできていなかったところもあるようでした。単なるシステム上の問題と片付けることなく、地図上の植生に関するルールに適合したシステムへの打ち込みができていなかったところが原因で発動しなかったと捉え、反省が必要です。実戦では弾を撃たなければならないときに出ないことは、大きな損害発生につながるからです。

今回の作戦計画を作る段階で、事前に地形の状態を把握し、対戦車誘導弾の射程が十分取れるように地形と植生の分析をしました。しかし、火力を発揮できないのは、地形と植生の分析が正確にできていないか、システムのバグか、突発的なトラブルのために発動しなかったのか、確かめたかったのです。

次の実動訓練では、必ずすべての対機甲火力が設定した戦車撃破地域を射撃できるようにするため、点検の必要性を事前に教えてくれたとプラスに捉えることにして、部隊へ徹底することにしました。

鬼木中隊長の活躍で、対戦車ミサイルと戦車砲によって、北の戦車撃破地域内の敵戦車から次々に黒い煙が上がっている報告が入ってきました。思った以上に前進していた敵の戦車は、後退するときも奥へ入り込んでしまった分、離脱に時間がかかっています。敵戦車と装甲車は、比較的長い時間、戦車撃破地域で行動しなければならず、他の地域の戦車撃破地域よりも結果的に多くの敵戦車と装甲車を撃破することができました。

鬼木中隊長の対応が少しでも遅れていれば、北地域は敵に押し込まれていたところでした。いつも感じることは、勝利の女神は決まったところにずっといるのではなく、敵と味方の間を自由に飛び回っているのではないかということです。上手く進んでいた作戦も、何かのきっかけで流れが変わってしまうと、有利な状態から大きなピンチに陥ることがあります。常に対作戦の状況や将来の推移を偏った見方をせずに真摯に受け止め、対応すべきことは確実に対応することによって、勝利の女神がこちらにやってきて微笑んでくれるのではないかと思います。

現在の状況や戦況推移を見守っている指揮所の雰囲気によって楽観的になったり、悲観的にもなります。「これだけ準備しているから負けるわけはない」とおごった雰囲気が漂っているときは、特に注意が必要です。悲観的な情報があっても大丈夫と思い、そのまま作戦を続けてしまいます。そして、大変な状態に陥ってしまった段階になって初めて作戦が上手くいっていないことに気付き、大騒ぎをします。でも、もうこのときは大勢が決まっているので、ひっくり返すことはできません。

反対に、1つ1つの戦果に対して常にマイナス思考が働く雰囲気が支配するのも良くありません。敵を撃破した量よりも、自分たちが受けた損害ばかり気にしてしまい、自分たちはかなりの損害が出ているのに敵はほとんど損害を受けていないと感じてしまい、あと1歩押せば敵が崩れるというような好機を逃したり、後退する必要もない状況で後退してしまい、敵に有利な態勢をむざむざ与えてしまいます。

さて、CPXです。

前方に配置した斥候の情報から、敵はもう一度態勢をとり直して攻撃してくる可能性が高いことがわかりました。攻撃の態勢をとるため、集結している敵部隊へ引き続きターゲティングをかけて戦力を削り、戦車撃破地域をよける形で攻撃してくる敵を対機甲火力で射撃ができるように、個人携帯対戦車ミサイルの配置変換を行い、対応するように3科長が指示を出しました。

戦闘をこのまま継続すれば、明日の朝までには40％程度敵戦力に損害を与えられる手ごたえを得ました。

次の焦点は、馬場中隊長の行うＬＲＲＰです。遭遇戦という形で敵と戦闘が始まってからまだ間もないため、敵後方部隊、指揮所、通信施設の偵察が十分にできていない状態です。この状態で無理やり夜間に攻撃を行った場合、目標に至る経路、襲撃要領、離脱経路の選定と誘導、火力調整が不十分となり、十分な成果が期待できないばかりか、部隊が危険な状態に陥る可能性があります。

「今晩の後半夜（0時以降）、襲撃させますか」と3科長が聞いてきました。

3科長も、襲撃をやりたいが準備がまだ十分整っていないので迷っているようです。馬場中隊長に攻撃するように命じれば、それなりの暴れ方はできると思います。しかし、現場の状況よりも、戦法の実験の必要性から攻撃をすることは、本来の戦いとは別であり、真剣勝負ではやってはいけないことだと思います。

ＬＲＰの置かれた状況に合わせて、最大限の戦果を得られるように考えることにしました。

「馬場はどう言っている」と聞くと、３科長は

「馬場は連隊長の指示通りに動く、と言っています」と報告しました。

こういうときはだいたい自分と同じ考えをしているときです。無線で直接、馬場中隊長と話すことにしました。

「１中隊（第１中隊）の攻撃構想を送れ」と言うと、

「中隊は明日の朝、敵の後方部隊へ襲撃を行う。本日は攻撃準備を実施。一部をもって、敵指揮所を襲撃する」と返ってきました。

１中隊の構想を承認し、可能な限り敵の火力戦闘部隊の位置を解明するように伝えました。彼は実戦感覚を持っているので、可能な範囲で行動すると直観的に思いました。そして当然、敵指揮所はマムシのような執念を持ち、探し回っているなとも。今夜、後半夜に必ず仕留めるなと感じました。

夕方は、部隊の動きが活発な時間帯になります。夜間の態勢に移行するため、視界のきか

ない夜間になる前に行動しようとするからです。戦場全体が動いてざわついている時期なので、斥候が活動するチャンスとなります。また、夜間になると移動速度が低下するのと、止まっていると発見されませんが動いているものは補足しやすく、追尾していくことによって車両の停車位置に関する情報を収集することができます。特に、大型の砲をけん引する車両の移動速度は遅く、停止した場所に味方の火力を指向することによって、大きな戦果を挙げることが可能となります。

夜間に入ると照明弾によって目標を照らし、2方向からの観測ができる態勢をとり、ターゲティングによる射撃を行います。夕方に一部斥候を移動させ、夜間までに観測ができる態勢をとりました。特科大隊長から、

「高い精度で目標へ命中しています。予想以上の効果が出ています」と報告を受けました。

補給と整備を担当する4科長から「このままでは後半夜には弾薬を撃ち尽くしますので、予備弾薬の使用許可を師団へ要請し、使用許可が出ました」と報告があり、これで思う存分撃ち続けることができるようになりました。

明確な射撃効果はわかりませんが、ターゲティングによる火力がかなりの精度で弾着したことがわかり、さらに敵部隊への被害を拡大できたのではないかと思います。

LRRPによる敵指揮所の襲撃は、後半夜を計画しているので、それまで仮眠をとることにしました。20代の頃、上司が3日間眠らずに頑張っていると、たとえパフォーマンスが低下し頭がぼうとした状態になってしまっていても、褒められていた時代がありました。しかし、このようなことは、まったく褒められるようなことではありません。当時、指揮所の主要幹部の判断の遅れやズレがあった場合でも、何日も寝ずに頑張っていてよろしいと言われていましたが、判断の遅れやミスの代償は、実戦では隊員の命や主要装備品の損害となって現れます。

指揮官は、常に頭がクリアで何日でも戦える状態を維持しなければならないというのが私の考えです。科長以下、主要な幹部も仮眠を計画的に行い、常に高いパフォーマンスを発揮できるようにしました。

この態勢でも指揮所が運営できるというのは、日頃から訓練していないとできません。1つ上の階級の仕事ができるようになると、今までよりも視点が高くなり、科長レベルの考え方や幕僚活動ができるようになります。下の者ができないから科長が寝られないのではなく、下の者がきちんとできるように常日頃から人材を育成することによって、科長は休む時間を確保できるのです。寝不足でボーッとしている科長は、主要幹部として褒めるのではなく叱らなければならない対象となります。

副官から起こされ指揮所へ行くと、ＬＲＲＰが襲撃位置へ前進し、最終的な態勢をとる段階でした。

「指揮所か通信施設に狙いをつけ、１中隊長は84㎜無反動砲（84ＲＲ）を主体に射撃を行う予定です」

３科長の右腕で活躍する運用訓練幹部が説明してくれました。馬場中隊長のやることですから、84ＲＲを指揮所か通信施設となっているテントと通信システムへ指向し、アンテナの付いている車両の駐車場へ逃げるところを84ＲＲと小火器の射撃を準備しておいてさらに仕留め、道路沿いに逃げる敵を撃てるように周到に準備をしているはずです。

作戦行動をする現場へ「今の状態はどうなのか」、「敵の兵力はどの程度か」などどうしても聞きたくなりますが、聞けば集中ができなくなるので、現場が動きやすいようにひたすら見守ります。

「攻撃開始５分前」の連絡がきました。敵戦闘団の指揮所であれば、その時点で勝負が決まります。

「攻撃開始」の報告で襲撃が始まったことが伝えられました。戦果を早く確認したいのですが、30分経っても連絡がきません。現場では、何重にも待ち構えた襲撃を行っている最中でそれどころではないと思います。

「1中隊長からの報告です」と、運用訓練幹部が馬場の報告内容を復唱して指揮所内へ伝えます。

「襲撃目標は指揮所ではなく通信施設である。通信機材や人員の配置からここは間もなく撤収しようとしていたと判断する」という内容でした。

「指揮所ではなかったのか」、「予備の通信施設だったのか」と指揮所内では落胆した声が出ました。すると、馬場中隊長から「事後、翌朝の攻撃の準備へ移行する」と報告がありました。

馬場中隊長は、これ以上は情報収集が不十分であること、弾薬の補給、部隊の移動などの準備や移動、部隊の展開のための時間が必要となるため、翌朝の襲撃へ切り替えることを選択しました。私もその選択は適切だと判断しました。

しかし、ここの判断が大きな間違いでした。

情報の読みが浅かったのです。指揮所の可能性が極めて高い場所を偵察しているときに、指揮所の兆候である規模の大きい通信設備を発見したため、敵の指揮所であると判断しました。計画通り襲撃しましたが、テントだけの状態で、空振りをした訳なのですが、問題はそこで思考が停止してしまったことでした。

襲撃の状況、特に敵の配置の状況から、さらに敵の立場になり、行動を読み解かなければならなかったのですが、簡単に判断しすぎていたのです。この通信施設は本当に予備の通信施設だったのか、それなら主力の通信機材と部隊はどこに展開しているのかなど、徹底的に敵の行動を分析しなければならなかったのに、できていませんでした。ターゲティングとLRRPの活躍に満足した指揮所全体の雰囲気が、いつもの緻密さを失わせてしまったのです。もちろんその雰囲気を作ったのは私です。

敵の行動に兆候があったのに、それを見落としてしまったのです。

明るくなる3時間ぐらい前から、「敵の大型車両多数が後方へ移動中」、「数量の輸送用大型車両が〇〇道沿いに移動中」、「資材を積載した車両移動開始」という情報がぽつりぽつり入り始めました。

「物資補給と破壊された装備品の後送です」と2科長にうなずきました。

指揮所内では要員も逐次交代し、フレッシュで元気なメンバーがターゲティングに関する申し送りを終わり、配置につこうとしています。

しかし、昨夜の敵の予備通信所の位置は、通常ならば〝予備〟ではなく本物の通信所であるはずなのに、なぜあれだけの通信所に適した場所を実の通信所として運用しなかったのか。敵の指揮所が見つからないのはどうしてなのか。あれこれ考えながら指揮所内の時計を見ると、そろそろ馬場中隊長の攻撃も近くなっていました。

3科長から

「馬場が直接報告したいとのことです」と言われ、有線電話に出ると、

「連隊長、兵站部隊は半分以下になっており、残っている部隊も移動開始の兆候があります。速やかに攻撃を開始します」と言います。

攻撃はもちろん許可しましたが、引っかかることが多数あります。なぜ、襲撃したのは実の通信所のはずなのに予備だったのか。なぜ、敵の指揮所が見つからないのか。なぜ、敵の兵站部隊は半分になり、残りも移動準備をしているのか。

まさか…そのとき、ようやく気付いたのです。敵はまさに、後退を企図しているのだと！

「後方へ移動している敵の車両はどのぐらいだ。敵の特科部隊は動いていないか」

2科長に至急、確認するように指示を出しました。

「斥候を今すぐ、もっと敵の奥深くへ展開させろ。通信中継所も1ヵ所前に出せ」と続けました。

さらに、3科長へは、

「特科部隊の半分を前進させる。準備急げ」と特科部隊の推進を命じました。戦場を支配する緊要地形を確保し有利な態勢である敵が、まさか後退するとは思ってもいませんでした。今から部隊を動かしても間に合いません。でも、今動けば事後の行動への影響を小さくすることはできます。

「A川にかかっている3本の橋の前後へ火力準備、急げ」

「3中隊、4中隊は、B川の線を目標に前進準備」

2個の中隊に30㎞離れたB川の線まで速やかに前進を開始するように指示を出しました。

イロハの〝イ〟を見逃していました。「攻撃」対「攻撃」の任務を両軍に与えられて戦闘を行っている状況で、夜間に後退準備を進めて間もなく敵主力が一気にB川よりも奥へ後退する直前の状況になっているのに、引き続きターゲティングをやろうとのんきに朝を迎えようとしていたのです。まさか敵が後退するとは思ってもみませんでした。それだけターゲティングの威力が強烈で敵戦力が大きな被害を受けたということですが、目の前の敵を追撃の態勢をとれないまま後退させ、敵を取り逃がしてしまうのです。作戦上の大きな失態です。

「敵が後退を開始するまでに、A川の橋を渡るために蝟集（部隊が集まってしまう状態）しているところを火力で叩けるように斥候の移動を急げ」と40連隊の部隊が動き出した頃、敵の離脱が開始されました。

2時間もすると、敵の後退部隊が次々にA川を渡っているという情報が入ってきます。精度が十分ではありませんが、味方の射撃が始まりました。ターゲティングのデータはたくさん集まったのですが、新戦法の実験ばかりに気をとられてしまい、敵を捕捉できず逃がしてしまったのは、作戦において大失態です。

敵の奥深くへ移動した斥候から、40㎞離れた丘陵内に敵は吸い込まれていくとの報告が入り、戦場が大きく変わってしまう状況になりました。

一度止まってしまった部隊を動かすためには、いつまでに出発するか命令を出し、部隊を集結させた後、前進目標、使用する経路をそれぞれ示し、前進を開始させなければ統制のきいた行動をとることはできません。ここをきちんとやらないと、部隊はごちゃごちゃの状態になってしまいます。

斥候や監視所などの情報収集部隊の移動は、戦場が変わってしまうと展開までに時間を要します。情報収集部隊の情報の網を敵に対してかけるのは、魚を取るための投網の使い方に似ています。投網は、投げたときにきれいに開くために、丁寧に網を肩の上に乗せながら1

つ1つ重りの付いている間隔でたたまなければなりません。投網は、使うよりも網をたたんでいる時間の方が長いのです。さらに、木の枝やゴミが絡まっていれば、その除去から始めなくてはなりません。

今回、投網を敵が展開する場所にはきれいに網をかけたので、敵部隊の動向に関する情報を入手できていたのですが、投網の隙間から敵が出ようとしたことを掴めず、もう一度投網をたたんで情報の網をかけなければならなくなったのでした。戦場が変わってしまうというのは、そういうことです。情報部隊の配置に時間がかかってしまうため、ターゲティングの態勢をとるまで時間がかかるとともに、地上部隊の攻撃も情報を収集してからの攻撃となるため、さらに遅れてしまいます。

昨夜のうちから敵の離脱を予測していれば、敵が新しい戦場に入る前にある程度情報部隊を事前に展開することができ、地上部隊も追撃をすぐにできるはずでした。LRRPをA川かB川の橋に展開させておけば、敵に多大な損害を与えることができたと考えられます。

師団長が連隊指揮所へやってきて、「状況はどうだ」と聞かれ、昨日からの行動と敵の離脱を察知できず、これから情報部隊を再展開しなければならないことを報告しました。

「次、40連隊が敵に対して攻撃できる時期はいつ頃になると考えているのか」という質問に

対しては、

「情報網をかけ、攻撃準備をすることを考えれば、早くても明日以降になります」と答えると、

「そうだな、じゃーこれで状況を終了しよう」と師団長は言い、訓練は終了となりました。

師団長は、

「まあ座って少し話をするか」と言い、椅子をすすめられました。

「目標情報を収集して火力で叩く戦法をターゲティングというんだね。今回どのくらい敵をやっつけたと思っている」と質問を受けました。

「敵に与えた損害は、45〜50％と認識しています。敵の特科部隊は1個特科中隊、重迫は1個小隊しか残っていないと考えています」と答えると、

「ほぼその通りで、火力部隊は連隊長の言う通りの数になっていた」と教えられました。

敵戦力の半分近くまで損害を与えていたので、次に、

「どうして敵は離脱するということを考えていなかったのか」と、必ず聞かれるなと思い、よもや「LRRPの実戦モードでのテストに集中していました」などとは言えないなあ、と考えていると、

「もう1つ、敵の奥深くで行動するLRRPを運用していたな」と別の話に話題が変わって

ほっとしました。

「今回の離脱は、ＬＲＲＰが敵にとって無敵の恐ろしい部隊に感じていて、このままいると指揮所と通信所、兵站部隊全部を壊されてしまうと考えてしまったからだ。特に、敵の連隊長のいる連隊指揮所がいつやられるか、ものすごい脅威となったんだよ」と、何だか嬉しそうに話します。

ＬＲＲＰは、自分たちが思っていた以上に、敵指揮官や部隊へ精神的に大きな脅威を与えるものであることを知りました。「実際、１中隊長の襲撃がもっと早く行われていたら、敵の連隊指揮所と通信所はやられていたところだったんだよ。敵はかなり恐怖を感じながら後退準備を進めていた。今回、指揮所を狙われるというのはかなりの脅威になることがわかったよ」と師団長は話します。

「ところで何かおかしく感じたことはなかったかな」とたたみかけられました。

敵の動きには、１つ違和感を感じるものがありました。主要な後退に使える経路は３本あるのですが、一番左の経路、地図でいうと西側の経路を敵が使用していないことです。短時間に多くの部隊を後退させることを考えれば、当然3経路を使用するはずなのに、使用しないというところが理解できない行動でした。

この話をすると、

「戦闘は錯誤の連続だということを目の当たりにしたよ。敵は、A川付近の一番西の道路には40連隊のＬＲＲＰが展開し、襲撃を準備していると判断し、わざわざ経路から外したのが実情だ。敵にとってＬＲＲＰはかなりの脅威というか、恐怖の存在だったようだ」

師団長は話を続けました。

「ＬＲＲＰによって残り2経路を押さえられてしまうと、離脱ができなくなるから、かなり慌てていた状態だった。一番西の道路沿いにＬＲＲＰは本当にいたのか」との問いに、

「配置していません。多分、斥候の動きを見てＬＲＲＰと判定してしまったのではないかと思います」と答えました。

「そうだよなぁ。そんなに戦力はないからな。しかし、他の戦力が見つからなかったのでＬＲＲＰと判定してしまったのだろう。ＬＲＲＰは戦力以上の脅威になったな」と笑いながら話します。

少し間をおいて、師団長は、

「40連隊は戦法を作ろうとしているようだが、これからどのように進めていくんだ」と戦法についての話題に移りました。

私は、このCPX終了後、改善事項を修正し、実動に移ること。実動では、まず、パーツの訓練を行い、パーツが完成した段階で、すべての機能を動かしながら、最終的に新戦法を完成すること。完成した戦法を戦闘団検閲の場で試してみること。最終的にはFTC対抗部隊との戦いで運用し、無敗のFTC部隊を撃破することを師団長に説明しました。

「新戦法を実動で試すとき、師団が協力できることはあるか」と師団長から聞かれました。対機甲火力発揮要領を検討するため、対戦車ヘリコプターと中隊以上の戦車部隊の支援（訓練に参加させること）をお願いしました。

「対機甲火力の詰めまで細部をやるのか」と言われ、CPXではコンピューターが地形と植生を判定したが、現地はもっと複雑なので見えるところや撃てるところが限定されてしまうこと。演習場全域を使用し、隠れている戦車をいかに発見するか、実物で対戦車ヘリコプターと斥候を運用しながら、一度大々的に確認してみたかったことを話しました。

師団長は、支援の約束をしてくださり、

「もしかしたら、40連隊がFTC部隊を初めて打ち破るかもしれないな。1中隊長の馬場によろしく」と言い残して、部屋を後にしました。

連隊指揮所で勤務している隊員は、目が輝き、一気にモチベーションが上がり、やってやろうという青白い炎で包まれました。

「次は実動だな」と石田3科長に言おうとすると、もう実動訓練調整のため電話をかけています。

3科長の部下も、訓練準備を始める電話をしています。彼らとなら新戦法を完成できるなと心の中で感謝していると、馬場中隊長が来ていて
「早くFTCと戦ってみたいです」と静かに言いました。

次は、いよいよ実動へ移行です。

第❷部　模擬戦闘編

# 第5章

# 実動による新戦法の運用

## 実動で戦法全体を始動させ運用してみる

師団長は、約束通り対戦車ヘリAH1Sを2機と戦車10両（戦車中隊）を支援してくださいました。戦車は、防護力が高いので姿を現して行動するイメージがありますが、対戦車ヘリコプターに捕捉されると戦車の射程外から対戦車ミサイルを発射され、簡単に撃破されてしまいます。対戦車ヘリコプターは戦車の天敵なのです。また、歩兵が携帯する対戦車誘導弾の貫徹能力が高くなり、歩兵の持っている火力によっても、戦車は容易に破壊できます。このため、戦車は停止している状態や射撃を行わないときは、敵に発見されやすい射撃陣地に常時いることはなく、待機位置で安全を確保しています。演習場において、戦車が射撃陣地を占領できる地形を5ヵ所設定し、1ヵ所ずつ戦車中隊を待機位置に配置した状態と射撃位置に移動する場合の行動をとらせ、最初の場所が終わったら戦車を実際に使用する経路で前進させ、次の戦車の射撃陣地へ移動することを繰り返します。

この戦車の動きに対して、ターゲティングのための斥候と監視所をどのように組み合わせて配置すれば、敵に見つかりにくい経路を通り、待機位置に入る敵戦車を確実に発見できるかを確認します。

次に、対戦車ヘリコプターへ斥候と監視所が発見した敵戦車の位置情報を伝達することによって、敵戦車を捕捉し撃破を図る通信要領のチェックを実際の対戦車ヘリコプターと前方に配置する連隊の情報所との間で実施します。反対に対戦車ヘリコプターの情報を情報所へ送る訓練も実施します。

敵戦車の目標情報掌握後、実際に敵戦車を索敵し、発見できる場所の確認や射撃する場所を現地で確認します。情報所に集まる敵戦車の情報をいかに前線の地上部隊へ通報し、歩兵の携帯する対戦車火器による射撃を行うかを点検します。

実際やってみると、戦車はエンジンを切って停車しているとかなり捕捉しにくいこと、木が生えている林のある場所では、空から戦車を見つけるのが難しいことがわかりました。また、対戦車ヘリコプターよりも、小型の観測用ヘリコプターの方が適していることがわかりました。対戦車ヘリコプターは敵に発見されないように地上スレスレの高さで飛行するため、通信が確実に入らなかったりするからです。また、目標の補足と射撃に専念するため、小型ヘリとの組み合わせが適していることもわかりました。

戦車は、エンジンをかけた段階でターゲティング用の斥候で捕捉可能となり、戦車の行動が始まった段階で対戦車ヘリコプターによる射撃を行う要領を確立することができました。

対戦車ヘリコプターも、初めての実戦形式の訓練に全面協力し、燃料がなくなる限界まで訓練を支援してくれました。

戦車は、何もない平地では簡単に見つけることができますが、訓練レベルが高いと、市街地や林を上手く活用して、思った以上に発見しにくいことを認識できました。隠れている戦車を見つけるための情報収集部隊の配置要領と、戦車の火砲よりも射程の長い対戦車ミサイル部隊の配置要領を具体化することができました。もちろん、戦車同士の見え方も確認したので、今回の演習で得たものはかなりの内容となりました。

次は、ターゲティングの細かいパーツ部分の修正になります。地味な確認と修正ですが、地味なものほど実戦では重要になるので、確立できるまで改善が必要となります。

まず始めは通信です。無線機は、電話のように自由に話すことはできません。片方が話しているときは、話し終わるまで発信ができません。斥候を多く出せば情報が集まることは間違いありませんが、同じ通信網に多くの斥候が加入していると、1つの斥候が報告しているとき他の斥候は報告できない状態や、敵の動きが活発なとき、朝夕の敵の活動が始まるときは、多数の斥候が収集した情報を報告したくても順番待ちが続き、必要な情報が収集できていても、指揮所へ届くまで時間がかかってしまいます。

また、斥候は、情報を収集するだけではなく、2科からの情報網の修正のための位置の変更命令を受信する必要があります。無線系がいっぱいで通信に時間がかかることがないように、1つの無線系に加入する斥候の数の適正化が必要となります。

いつまでたっても目標情報が指揮所へ報告されなければ、ターゲティングがかけられません。指揮所の2科は、いくつの無線系を使用して、斥候や監視哨の報告を受けたり情報収集部隊を運用するか、この部分のパーツ訓練や見直しをする必要が出てきました。

さらに、敵部隊を撃破した数を正確にカウントする専門の人員と、残りの部隊が後どの程度か一目でわかる表が必要であることがわかりました。例えば、敵戦車1個中隊であれば、10両の戦車の絵を描いておき、撃破したら×印を1つ1つ記入していくことによって、敵の残存戦力の状況を指揮所勤務者全員が情報共有することができます。

新戦法のそれぞれのパーツ訓練や修正が終わると、最後は、新戦法をすべて実員で行い、システムを回して全体のバランスやすべてのシステムを動かしたときの不具合点を確認するテストを残すのみになります。

## 戦闘団検閲時の対抗部隊（実動）

来るべきＦＴＣとの対戦の前に、新戦法を連隊全力で試す絶好の機会が設定されていました。師団内の普通科連隊のレベルを、師団長が試験を行い確認する、戦闘団検閲の対抗部隊を40連隊が担任することになったのです。対抗部隊は、一方統裁方式であらかじめ計画された師団の統裁シナリオの通りに動かなくてもいい、「実戦モード」で戦う場を与えられました。検閲を受ける部隊と対抗部隊が自由に本気モードで戦ってよい枠組みなので、訓練検閲を受ける本気モードの部隊に対して、新戦法を思う存分試すことができます。

対抗部隊を実施するに当たり、２つの戦法を実動でフル回転させ全体のバランスと戦法の修正事項を確認すること、師団の検閲に寄与すること、そして前回の反省から、戦法開発に気を取られすぎ戦機を見誤らないことを部隊へ示しました。もちろん、自分自身も強く戒めて臨みました。

40連隊は、防御部隊として行動するため、戦場には攻撃を行う検閲部隊よりも早い段階で侵入し、防御準備を行います。防御準備の間、敵の目と耳を失わせるためＬＲＲＰを敵の奥深くに配置します。

ＬＲＰの車両は、見つからないように徹底的に木と草を使用してカムフラージュし、事前に敵の行動地域内に隠しておくことにしました。ＬＲＲＰの襲撃部隊が車両と合体できれば、弾薬、食料の供給が可能となり、軽装甲機動車、パジェロ（小型車）に12・7㎜重機関銃を積載した車両が使用できるようになります。そのときは、攻撃部隊がほとんど前方に進出している状態となり、戦線は伸び切った状態になり、最前線と後方地域の間がぽっかり空き、手薄な状態になります。予備隊を投入した段階で攻撃部隊の地域内で後方を警備する戦力はなくなり、各部隊が自前で警戒をする程度の状態になります。

攻撃部隊の地域内には、戦車部隊本部、特科部隊本部、高射特科部隊本部（対空ミサイル部隊）、補給と整備を行う「段列」部隊、通信部隊の本部、特科陣地、そして戦闘団指揮所が所在します。ほとんどの部隊が警戒程度しか行っていないため、1個中隊規模のＬＲＲＰが敵に発見されず健在していた場合、自由自在に破壊活動を実施できます。

馬場中隊長率いるＬＲＲＰ部隊は、陣地の前方奥深くの見つかりにくい場所に潜在拠点(敵に見つからず作戦を準備する場所）を設定し、敵の情報部隊の撃破、敵指揮所・敵の指揮官襲撃、攻撃部隊の戦線が伸びた状態における指揮所・本部の破壊、特科陣地の破壊を準備します。

馬場中隊長が準備状況について報告に来ました。

「車両を隠す場所の選定と偽装に結構苦労しました。潜在拠点は各場所に設定し終わりました」と順調に進んでいる旨の報告を受けました。

少しモジモジしていてまだ話したそうなので、

「何か悪いことを考えているだろう」と言うと、

「お願いがあります。車両と合体したとき、パジェロの荷台の機関銃で敵の支配地内を機関銃を撃ちながら走り回りたいのですが」と言い、私の顔を下を向きながら上目使いにキラッと右目を光らせ、許可を求めています。

私はピンときました。馬場中隊長は1960年代に人気を博したアメリカの戦争もののテレビドラマのことを言っているのでした。ジープで走行しながら車載機関銃を撃ちまくって敵をやっつけるあれです。

「『ラット・パトロール』をやりたいのか」と言うと、

「ご存知でしたか。それです」と嬉しそうに答えます。

「確か鉄帽を被らないで、頭はバンダナ、マフラーを風になびかせていた姿を覚えているが、まさか、あれはやらないよな」と聞きましたが、

「そんなことはやる訳がありません」と、笑いながら右手をナイナイと振りますが、何か企んでいる感じでした。

「では、引き続き準備にかかります」と敬礼し、部屋を出ていきました。

上手くはぐらかされたような感じです。

石田3科長から、連隊指揮所内のターゲティングの準備完了と斥候と監視所の配置が完了した報告を受けました。ターゲティングで火力の支援を受け、いつも世話になっている特科大隊長と握手した後、今回の戦闘の特性の認識を共有しました。

LRRPが前方で行動するため、潜在拠点、活動地域における砲迫火力の発揮は統制をかけLRRPの安全性を確保すること、ターゲティングにより敵を撃破すること、障害は演習場使用規則が許す範囲で、テトラポッドを中心に物理的に通過できない障害を戦闘間においても構築を続けることなどを確認しました。

施設部隊がダンプと大型クレーンを使用し、24時間フル稼働で地雷原と大量のテトラポッドを、資材置き場の間を何度も往復しながら陣地に通ずる道路に設置していきます。テトラポッドによる道路の閉塞を当初の計画分の作業が終了しても、引き続きフル稼働で障害を設置しています。

障害はあればあるほど、ターゲティングの効果が発揮されます。地雷に蝕雷したり、設置された障害によって部隊が停止するため、ターゲティングの絶好の目標となり、射撃する場所も正確に掴めているため、確実に敵を破壊することができるからです。

ターゲティングの効果を高めるため、施設部隊が一生懸命行動している姿に感謝するとともに、彼らの本気度を感じ、こちらの方がモチベーションを上げてもらった感じです。指揮所に戻り、指揮所内のメンバーに施設部隊の労を問わない地味であるが丁寧でしぶとい行動の話を紹介すると、隊員のテンションが上がり、身体から炎が噴き出した感じになりました。

本部管理中隊長に対して、侵入してくる敵の斥候を見つけ出すためのローラー作戦や斥候狩りを行う役割を与えました。捕獲した斥候のために、捕虜の取り扱いを行う任務を持つ1科長は、後方地域に鉄条網を使用した捕虜収容所を作りました。

斥候を捕獲した場合、連隊の捕虜収容所で一時的に収容し、師団の捕虜収容施設へ後送します。師団の捕虜収容所への後送は、師団の統裁部に引き渡す行動の他は実戦と同じように行うことにしました。さすがに靴を脱がしたり拘束するようなことはしませんが、銃と装備は連隊が預かり、捕虜収容所の中で統裁部の迎えが来るまでは過ごしてもらいます。

河野副官からそろそろ状況が開始される連絡を受け、指揮所内で状況を確認していると、

状況開始してすぐに1科長がやってきて

「捕虜を確保しました。どうしましょう」と報告に来ました。

「予定通りの行動をとってもらいたい」と話すと、

「検閲を受ける攻撃部隊の斥候はいいと思うのですが、検閲に関係していない他の部隊が斥候訓練をしているようです。検閲に関係ない部隊の斥候はいかがいたしましょうか」と言います。

本気モードで行っている検閲の場で斥候訓練を行うのは、とても効果的な訓練です。このような場を各部隊が独自に設定することができないからです。

師団に連絡をすると、統裁部が引き取りに来るまで拘束しておいてほしいとのことなので、収容所を体験してもらうことになりました。

スカウト訓練を積んだ隊員が連隊本部や後方地域で斥候やレンジャー部隊の潜入を警戒し、敵や他部隊の斥候を次々に捕獲します。

通常、後方地域ではスカウトによる警戒のようなことを行わないので、捕虜収容所は大賑わいで、1科長の捕虜の取り扱いの腕がメキメキ上がっていきました。

ターゲティングは、斥候をいかに敵を多く捕捉できる場所に置くか、重要な情報を取り続けながら残存できるか、火力戦闘部隊である特科部隊と120㎜重迫撃砲、81㎜迫撃砲の部隊が最後まで弾を出し続けられるかが重要となります。

斥候や監視所の要員は、全員スカウトの訓練を行っており、連隊の情報を収集する情報小隊は、本書同シリーズ（偵察・潜入・サバイバル編）で登場したD3曹をはじめとして高いスカウトの能力を有するため、コンピューター・シミュレーションよりも確実に残存性が高くなると考えていましたが、予想以上の活躍ができることがわかりました。野外におけるスカウトの威力はすさまじいものがあります。

火力戦闘部隊は、同じ射撃陣地地域で射撃をしていると、レーダーによる評定や斥候により位置を評定され、砲撃を受けます。このため、陣地変換を計画的に行い残存性を向上しなければなりません。陣地変換は通常の1・5倍行い、敵の斥候の活動を制限したこともあり、ほとんど損害を受けることがなく、順調にターゲティングを行うことができました。

ただ、ターゲティングの威力は絶大なはずですが、すべての弾着の効果は、すべての目標に火力の効果を判定する審判を配置できないため、統裁部へ火力審の配置を要望し、配置後ターゲティングを実施するなど、コンピューター・シミュレーションのような判定はできず、演習統裁部と連携して工夫しながら、射撃効果を判定する状態でした。

情報部隊の配置と運用によって、「戦場の闇」はコンピューター・シミュレーションで検証したときよりも確実に消え、戦場を照らすことができました。しかし、夜間の本当の闇は広く深く、夜間暗視装置の能力向上と双眼鏡程度の倍率が出る暗視装置は、多くの隊員が携行する必要性を感じました。

実際の戦闘を考えた場合、陸上自衛隊が装備する正式小銃である口径5・56㎜の89式小銃は、ボディアーマーを装備した敵にも300mまでの距離は有効ですが、理想は450～600m離れた位置から目標を撃ち抜く小銃を隊員の半数程度が保有することで、生き残り任務が達成できるようになります。小銃の口径を5・56㎜から7・62㎜に変更し、さらに弾薬の改良によって450～600mを射撃できる小銃にすることなどが一案です。スコープは、6倍程度を全員の銃に装着できるようにしておかなければなりません。小銃が適すると考えるのは、狙撃銃だと移動能力が低下し、敵に発見された場合の交戦能力が低いからです。

近い距離で射撃をしても敵に気付かれにくくするためのサプレッサー（射撃時の減音器）を普通科隊員全員に装備できれば、射撃音を抑制でき、さらに、夜間の射撃時に銃口から発生する光を抑えられて残存性が高くなります。

## 師団長からの突然の指令

昼間、指揮所で長射程の対戦車誘導弾の配置と、その死角となる場所を埋めるための短射程の携帯式対戦車誘導弾の配置の検討を幕僚と検討しているとき、

「師団長が来られます」と連絡がありました。

指揮所となっている天幕で師団長を迎えるように準備していると、

「師団長が入られます」と指揮所の警戒員が報告しました。

間もなく天幕の中に入ってこられた師団長を、全員起立し不動の姿勢で迎え、敬礼後、

「ご苦労さん。どうかな」といつもの口調で始まりました。

「連隊は、現在ターゲティングを実施するとともに、LRPによる戦闘団指揮所の襲撃を準備しております」と報告後、いくつかの師団長の質問に答えると、

「引き続き頼むぞ。ご苦労さん」と言い、師団長の視察は終了してしまいました。

師団長は、通常、戦況が大きく変化するときや決心を行う重要な結節点に現地視察を行います。今回の視察は、妙に淡白で短く、師団長の視察の目的がよくわからないなと思っていると、

「連隊長ちょっと」と外へ出るように促され、

「連隊長と話があるから」と、師団の統裁部要員などを近付けない状態で2人のみで話すことになりました。

「連隊長、今夜戦場を離脱し、別の演習場へ移動できんか？ 40連隊ならできるだろう。どうだ」と言われました。

「えっ、離脱ですか」と言うと、

「他の統裁部の要員に聞かせると検閲部隊に漏れることがあるから、静かに話そう。新戦法の開発の試験はだいたい終わっただろう」と言われました。

新戦法の検証は、今夜もう一度馬場中隊長にＬＲＲＰで暴れてもらおうと考えていましたが、確かに検証という観点では十分なデータが取れています。ここまでしっかりやらせていただいたことを考えると、「できません」、「難しいです」とは、言える訳がありません。

しかし、まったく準備をしておらず、計画もない状態から、5時間後、戦場に展開している全部の部隊を離脱させることは容易ではありません。というより、あまりに思い切った行動です。ポイントとなるのは、離脱行動を最後まで敵にわからないように秘匿しなければならないところです。

「師団長、お任せください」と答えました。

すると、師団長はニコッと笑いながら、

「翌朝攻撃しようとしたとき、敵がいないとなったら、さぞ慌てるだろうな。頼むぞ二見。40連隊の他演習場への移動が完了したところで、状況を終わろうと考えている。LRRPは残していってもいい。では頼んだぞ。くれぐれも秘匿に注意してくれ」と言い、

「ハイ」と答えると、上機嫌の顔で連隊指揮所地域を後にしました。

しばらくは、多くの統裁部要員などが状況を確認しているので、すぐに主要メンバーを集めて指示する訳にはいきません。頭の中で、離脱の順序やこれからの準備について整理することにしました。

手間がかかるのが、後方支援を行う兵站部隊の離脱です。大型車両が多く、移動のための撤収に時間も要するからです。さらに、夜間真っ暗闇での離脱は、ごく小さな灯りとエンジン音をできる限り出さないように絞り込むため、歩く速度ほどの遅い速度の移動となります。

難しいのは、敵の攻撃を受け防御戦闘を継続している2、3、4中隊を敵前から離脱させる行動を秘匿して行うことです。夕方から夜間、敵に察知されないように戦力を間引きなが

ら、最後、敵に追撃されても後退できるための機動力と防護力が最後尾を守る部隊には必要となります。また、車両が混交しないようにしないと、暗闇の中でごちゃごちゃの状態になった場合、敵に捕捉される危険があります。

夜間離脱を整斉と行うためには、離脱経路の偵察、予行と行動の統制が必要となります。30分すると、統裁部要員もいなくなりました。兵站関係者、特に現場を預かる陸曹も含めて指示を出し、次に連隊本部主要幹部を集めるように伝えました。中隊長には、第一線から移動にかかる時間を考え集合時間を示しました。大勢を一度に集めてしまうと、何かするかもしれないと思われてしまい、気付かれる可能性があるので、早く行動が必要な部隊から逐次に命令を出す方式をとりました。鼻の良い部下は、何か大変なことを迅速に行わないとならないことが起こったようだという顔をしています。

20分後、兵隊関係者が林の中にポツリポツリと集まり始め、集合完了しました。

「これから示すことは、企図及び行動の秘匿に注意してもらいたい」と言うと、一瞬で全員の目が燃え上がり始めました。

「師団長の命令に基づき、連隊は今前半夜（0時まで）現在の戦場から離脱し、A演習場へ移動する。移動開始１６００（16時）、離脱順序は兵站部隊、連隊本部、特科部隊、３中隊、

2中隊、重迫撃砲中隊、4中隊の順…」

経路、灯火制限の要領、統制点の通過時刻（各部隊の行動を統制線の通過時刻で規制をし、車両渋滞の防止、行動を秘匿する）、A演習場移動後の集結する場所、警戒の要領、対空火器の配置、燃料補給などの兵站事項を示しました。

兵站全体をコントロールしている4科長の山口3佐が、唾を飲み込んだのがわかりました。有利な戦闘を行っている状態において、突然、不利な状態になった部隊が行う後退行動をするなんてことは、予想もしないことだからです。

これから兵站部隊を撤収して4時間弱で出発しなければならないことを考えると、その緊張感はよくわかります。

「質問と何か意見具申はあるか」と聞くと、

「やるということで決定ですね」と4科長が確認しました。

「できるか」と言うと、目をキラキラさせて、

「兵站分野にきたら、もう燃えるようなことはないと思っていたのですが、こんな場面が来るとは思いもよりませんでした。うちと特科部隊が上手く離脱できれば成功ですね。必ずやり切ります」という答えが返ってきました。

細部は3科とよく詰めてほしいと言うと、4科長は敬礼し、連隊段列（連隊の補給・整備を行う拠点）へ向かい始めました。歩きながら、

「警戒員を残し10分で全員後方指揮所地域へ集合させろ。たっぷり時間のある簡単なオペレーションだ」と話しています。

4科長の山口3佐とは、彼が富士学校普通科部幹部初級課程の学生として入校したときの教官と学生の関係でした。芯のある学生だなという印象と、通常は8ヵ月間営内で寝泊まりするのですが、新婚のため何とか富士地区でアパートを見つけてほしいという珍しい希望を出した学生でした。当時の山口3尉の希望する場所と家賃のアパートを何とか見つけ出して紹介したことをよく覚えています。

卒業後は年賀状だけのやり取りをする仲だったのですが、連隊長に着任したとき、「お久し振りです」と近付いてきたのが、幹部初級課程を卒業してから17年振りの山口3佐との再会となりました。

「あのときの恩は忘れていません。今度は全力で連隊長を支えます」と言うので、

「官舎で飲むか」というようなことを言ったと思います。

その後の言葉は明確に覚えています。

「本当は、中隊長として第一線で戦闘する場面で連隊長に仕えたかったのですが、中隊長も経験してしまい年齢も上がり、4科長として仕えることになってしまい残念です。連隊長と暴れたかったです」と話してくれたことです。

「実戦は兵站がなければ戦えないから、君がいてくれると頼もしい」と答えたと思います。そのとき山口3佐は、複雑な表情をしたような印象が残っています。

1中隊の馬場中隊長をはじめとする中隊長や連隊本部の各科長、陸曹に絶大な信頼を置かれている山口3佐です。山口3佐が本気になって動き始めたら、40連隊の主要メンバーが一致団結して協力するような男です。この山口3佐が、目をキラキラさせながら「面白い、やりましょう」と言っているのです。

次は、連隊本部の幹部と主要な陸曹への命令下達です。4科長の身体から炎が出ているのを感じ取ったメンバーが、何か新たな任務の匂いに気が付いたようです。連隊本部への命令下達後、すぐに副連隊長が、

「各科集合！ 行動前の最終調整を行う。これ以降は無線による個別命令となる」と示しつつ、各科の行動を統制し、まとめ上げていきます。

副連隊長は、A演習場へ先行し受け入れ準備を進めるとともに、連隊本部の立ち上げを行

います。すでに1科長を中心としたグループはA演習場へ前進しています。1科長は、A演習場へ離脱した各部隊の受け入れのための誘導要領や集結場所を決定します。2科長は、今夜から明日にかけての敵の行動を分析しています。離脱途中で敵の夜間攻撃を受けたら、大きな損害が出てしまうからです。

3科長は、40連隊の離脱を敵に悟られないための行動と、軽装甲機動車を有する4中隊を各部隊の陣地に配置する要領を詰めていきます。

40連隊に離脱の兆候があると敵に察知された段階で、人員装備が薄い配備になっている第一線部隊は簡単に打ち破られて、敵の侵入を許してしまいます。さらに、戦線を離脱し後退している部隊を追撃されてしまい、準備不十分な状態を徹底的に叩かれる可能性もあります。

まず、夕方から砲迫火力の射撃量を増加させ、防御陣地からの火力も積極的に発揮させ、敵に対して交戦意志をアピールします。この間、第一線中隊の陣地地域に4中隊を展開させ、さらに火力を発揮させることによって、予備隊の4中隊を投入し陣地を保持する行動をとります。4中隊が到着したら、2中隊と3中隊の隊員は陣地の後方へ集結し、離脱を開始します。一気に下がるとバレてしまうので、部隊と部隊の間隔や車両との間隔を取りながら、連隊統制線へ示された経路で進みます。

最後に、4中隊は、最大火力を発揮後、一気に軽装甲機動車によって戦線を離脱します。敵が追ってくる場合を考え二手に分かれ、交互に追ってくる敵へ射撃を行いながら後退します。

4中隊長は、難しく複雑な動きをする作戦が得意な中隊長です。40連隊の中で、このような離脱行動を行うのにもっとも適した中隊長といえます。その彼が

「今回の作戦は、予行が不十分な状態になるため、最後、敵の追尾を受けながら後衛として行動する際、全車両すべてA演習場へ前進するのは難しいかもしれません」と、珍しく弱音ともとれる発言をしました。

彼の頭の中で何回もシミュレーションをしたはずです。その上で、どうしても現在のレベルでは全車確実に後退するのは難しいという結論に至ったようです。

「訓練では安全確保を確実に行ってもらいたい。脱輪したら停止しても構わない、その程度にしておいてくれ。車体が転がりそうだったら、スピードを落としていいから、必要なことがあれば3科長へ要望してほしい」と伝えると、

「今の中隊のレベルですと、1両か2両は脱輪するか迷うかもしれません。連隊長にそう言っていただけると気持ちが楽になります。ありがとうございます」ニコッとして、

「確実に2中隊、3中隊と部隊交代を行い、後衛として主力の離脱の安全を確保します」と言って指揮所を後にしました。

不定期に車両が1～2両程度がA演習場へ向かい始めました。敵の斥候が確認して敵の本部へ連絡しても、車両の動きはターゲティングで多量に消費している弾薬の補給とその他の補給物資の受領と判断してしまうような欺騙《ぎへん》行動です。

連隊の後方地域では、連隊の戦闘支援と管理全般を行う、情報小隊、施設作業小隊、衛生小隊、補給小隊を有する本部管理中隊長が長となって、朝から敵の潜伏斥候を捕捉するために行動しています。もちろん、夜間の離脱に関する情報を取られないようにするためです。「車両のドライバーや手の空いている者を総動員して、後方地域一帯にローラーをかけるように」と指示を出しておきました。

車両のドライバーといっても、50両以上あればそれだけで中隊の約半分の戦力となり50人集まるので結構な人数になります。ローラー作戦は、隊員が横1列、10～20mの間隔に並び一斉に捜索する方法です。たとえ見つけることができなくても、後方地域から一定期間、敵の斥候を追い出すことができれば目的達成となります。

本管中隊長へ成果を確認すると、

「2個組わかっているのですが、上手く逃げられてしまいました。しかし、背嚢や食料、水タンクを見つけ没収しました。あと1歩というところで敵斥候も大慌てで逃げたようです。すみません」と話してくれました。

40連隊の斥候が使用している監視地域をもう一度調べた後、離脱までの間、警戒員を置いて情報を取られないようにする処置をとるように指示しました。

敵の斥候から捕獲した装具や食料は、統裁部によって演習終了後、部隊へ返すルールになっています。何もなくなってしまった斥候は、補給のために他の拠点に戻るか、しばらくは後方地域に入らないので、斥候狩りもある程度の効果があったと思います。

連隊本部やその他のテントは最後まで残し、テント内の物品を逐次、林の中に偽装している大型車両へ積み込んでいます。テントをたたむところを敵の斥候が見つけ、敵の本部へ報告された場合、指揮所の移動の可能性があると判断されてしまうので、明るいうちは目立った行動をせず、撤収に時間のかかるテント内の荷物を整理し、暗くなった時点で一気に積み込みを始め、離脱を開始する予定です。

暗くなり始めると、撤収作業も進み始め、連隊長のテントも撤収することになり、自分のいる場所がなくなったので、車両へ移動し部隊の動きを確認することにしました。

「戦闘を開始する」と2中隊と3中隊から無線が入り、機関銃と小銃の射撃音が一斉に前方の陣地地区で鳴り響いています。撤収に時間のかかる特科部隊の撤収を行うため、火力は、120㎜迫撃砲と81㎜迫撃砲に切り替え、ターゲティングを観測ができなくなるぎりぎりの時間まで打ち込みます。

「重迫撤収開始」の連絡が入り、撤収前の最後の射撃を終了した120㎜迫撃砲の撤収が始まりました。81㎜迫撃砲は、確認できる目標へ射撃を継続します。

しばらくすると、

「2中隊は陣地地域で4中隊との交代完了、ただ今より後方へ下がる」と無線が入りました。第一線陣地では、陣地守備部隊であった2中隊と軽装甲機動車を装備している4中隊との部隊交代が無事終了し、後退のため陣地後方の集合地点へ集まり、移動を開始したことがわかりました。3中隊からも同じ内容の無線が入りました。

3科長がやってきて、

「部隊交代した4中隊が間もなく射撃を開始します」と報告してくれました。

2中隊と3中隊の陣地地域で激しい射撃音がしているのがわかります。

「激しくやっているな」と言うと、

「そうですね。今回、いつになく4中隊の隊員が集中している感じです。離脱経路の確認は現地で1回しかできなかったようですが、皆で集まって作戦を組み立て、4中隊らしく修正事項を話し合いながら、1つ1つ潰していました」と、準備の状況を話してくれました。

「チームごとに集まって話し合うのは、4中隊のホント特性だね。この状態が出るときは、いつもいい結果が出るが、今回はどうかな」と言うと、

「やってくれると思います」と言って、3科長は離脱統制線の指導へ行きました。

車両が次々に集まってくる離脱統制線の位置へ移動し、離脱状態を確認することにしました。しばらくすると、声を出さない無声指揮へ移行し、車両のライトも針の穴程度の明かりが出る一番暗い状態にして、アクセルを踏み込み大きなエンジン音を出さないように大型車両の移動が始まりました。後方部隊主力と連隊本部の車両です。

3~5両ずつ5~10分の間隔で統制線を通過して、A演習場へ向かいます。通常、後退行動は逃げる行動のため、気持ちが前向きになれないのですが、整斉とした行動を確認し、士気の高さを感じました。4科長が踏ん張り、後方部隊のメンバーがその踏ん張りに答えた感じです。

「連隊長、そろそろ移動の時間になります」と副官に言われ、4科長が段列地域でイキイキ

と動き、テキパキとした指示を出しながら隊員に声をかけながら士気を高めている姿を思い浮かべていた世界から、現実に引き戻されました。

「2中隊の後退部隊の先頭を確認したら、すぐに出よう」と伝えました。

「2中隊が団子状態で後退してきたら、連隊長の離脱に影響が出ます」と副官が言います。その通りです。しかし、2中隊と3中隊が整斉と後退してくるのか、団子状態で統制がとれない状態で後退してくるかで、後退行動の成否が判定できます。ポイントとなるところなので、「まあ、大丈夫だろう」と言って、出発を急かす副官をなだめました。

しばらくすると、エンジン音を絞り込んだ静かな状態の車両が、統制線にゆっくりしたスピードでやってきました。3～5両で1つのグループを組んでいて、演習場から公道に出ると前照灯を点け、グループとグループの間隔は5～10分空けて後退してきます。

「素晴らしく統制のとれた行動ですね」と副官の言う通りです。

「離脱は成功だな。行こうか」とドライバーへ声をかけ、A演習場へ向かいました。

移動中、無線で部隊の状況を確認していると、2中隊と3中隊は整斉と予定通りに離脱をしたことがわかりました。

「4中隊はどうなっているかな」と言うと、

「連隊長、確認しますか」と副官がすぐに反応し、通信機のマイクを渡そうとします。

「4中隊は、夜間離脱の後衛で大変な状態を切り抜けているはずだから、確認の無線を入れると邪魔になるから止めよう」と副官へ伝えました。

連隊長がどうなっていると4中隊長に聞けば、連隊長への報告に対応している時間、部隊の確認と指示がおろそかになる可能性があるからです。ここはぐっと堪えて、4中隊からの連絡を待たなければなりません。もちろん、トラブルが発生した場合は速やかに報告が来ます。

4中隊長から、

「4中隊演習場から離脱開始、現在まで異常なし」と、陣地からの後退を敵に悟られることなく確実に行い、統制線からA演習場へ離脱を開始した連絡が入りました。

後衛を担当した4中隊は、軽装甲機動車により敵との近接戦闘に巻き込まれることなく、離脱を実施できたことがわかりました。

「4中隊長のことだから最後尾の部隊と離脱をするだろうな」と中隊長の性格から行動が予想できます。

A演習場の入り口に第1科の誘導員と科長が立っていて、

「離脱部隊は、現在のところ人員車両異常ありません。連隊本部へは私の車が先導します」

と1科長は報告すると、素早くパジェロに乗り込み、前を走り始めました。

連隊指揮所へ到着すると、3科長が待っていて、4中隊の状況とLRRPの襲撃に関する報告が始まりました。

「4中隊の最後尾が離脱完了しました。中隊長が最後尾で確認後、こちらに向かっています」

やっぱり思った通りだなと思っていると、

「軽装甲機動車（LAV）が1両、側溝にはまって動けなくなり救出をしようとしましたが、師団の統裁部が安全を確保するため前進せよという統制があり、LAVと人員を現地に残置しました。状況終了後、統裁部がLAVを引き上げる予定です」という内容でした。

「ところで、LRRPはどうなった？」と聞くと、

「馬場が襲撃しようとしていた指揮所は敵指揮官の所在する指揮所だったのですが、襲撃態勢をとった時点で突然、統裁部によって活動を停止されました。やらせてもらえば敵指揮官を仕留めることができたのですが、残念です」と3科長が悔しがります。

多分、師団長の考えなので、何か狙いがあるはずです。

「馬場はもっと悔しがっているだろうな」と答えると、

「1中隊長は、敵の後方地域で結構暴れ回っていたようです。直接話を聞かないとわかりま

せんが」と馬場中隊長の活躍を報告してくれました。そして、

「あと、1時間後に師団長がこちらに来られるそうです」と付け加えました。

連隊本部のメンバーと戦法の修正事項や実動での評価を話していると、訓練終了の連絡が入りました。部隊に対して安全確認を命じ、異常の有無を調べます。各部隊から、

「異常なし」の報告が入り始めた頃、

「師団長、入られます」という声が響きました。

「ご苦労さん、ご苦労さん」といつものように入ってきましたが、師団長は、かなりご満悦のようです。

「よく難しい任務を、突然与えてもやり切ってくれた。師団長として頼もしく思う」とお褒めの言葉をいただきました。

「敵の指揮所では、各指揮官を集め、まさに40連隊に対する明日の攻撃について話している最中に突然、君のところが離脱し始めたという報告を受け、当初そんなはずはないと信じなかったが、続々情報が入り始めると、大騒ぎになっていたぞ」とニコニコして話されます。さらに、

「そこで状況を終了した。このような訓練はなかなかできないのでありがとう」

そう言っていただきました。

師団長は、

「あーそうそう、1中隊長率いるLRRPは、だいぶ気持ち良く暴れていたぞ。最後は敵の指揮所を狙っていたので、それはできないようにしたから」と話し、

「ありがとう、ご苦労さん」と言われて、指揮所を退出されました。

「馬場は、武器装具の安全点検と人員の掌握のため、あと2時間はかかると思います」と3科長が報告してくれました。

馬場中隊長の異常なしの報告を受けた段階で、指揮所を閉所することにしました。

LRRPと馬場中隊長の行動はどうだったのか、いろいろなメンバーの話を総合すると、車両と合体する前は、隠密に敵の指揮所を1つ1つ執拗に襲っていたとのことでした。指揮所から出てくる隊員や給水場に来る隊員を静かに忍び寄り、模擬ナイフを使い「終わりだろ」と言いながら次々襲うので、あまりの怖さに泣き出してしまう女性隊員もいたとのことです。通信線を切断したり、発電機を止めたり、音を出さない戦闘を行ったようです。

隠しておいた車両と合体後、弾薬、水、食料を掌握した1中隊は、攻撃部隊が40連隊の陣地地域へ攻撃のため前進してしまい、後方地域は指揮所と補給部隊しかいなくなってしまっ

たので、暴れ放題だったとのことです。12・7㎜重機関銃を搭載したジープに乗り敵の後方地域で機関銃をぶっ放しながら、走り回っていたようです。そのガナー（射撃手）は馬場中隊長だったとか、頭にバンダナを巻き米軍がベトナム戦争で行っていた服装をしていたなど、馬場中隊長の活躍（？）がいろいろ出てきました。

「1中隊長が入ります」と連絡があり、馬場3佐が指揮所へ入ってきました。「人員装具異常ありません。楽しかったです」の一言で、今まで聞いた話の内容がほぼ正しかったのがわかりました。

「巧妙に隠してある指揮所を車両の停車量が多いので怪しいと調べたら、敵のメイン指揮所とわかりました。やっと見つけたのですが、襲撃の態勢をとろうとしたら、全員戦死となってしまいました」と悔しそうに話します。

「やられるようなことをしていないのですが、抗議をしても統裁部の指示なので変わらないと言われました。本来ならば敵の逃げる場所も限定して全部捕捉できる準備をしていたのですが」と言います。

「師団長が褒めていたよ。ありがとう。だいぶ好き勝手なことをやっていたそうじゃないか」と聞くと、

「何かお聞きになっていますか」と、にやっと笑います。

コンピューター・シミュレーション訓練、ＣＰＸ及び実動訓練によって新戦法は完成しました。この戦法を最大限に発揮するための要員・部隊の訓練を進める段階に入ります。

第❷部 模擬戦闘編

# 第6章

# いざ、FTC部隊との戦いの地へ

## 増強中隊ではなくミニ戦闘団を構成

ＦＴＣの部隊と戦うためには、戦車小隊、地雷や障害を処理する施設小隊、火力を発揮する特科中隊と１２０㎜重迫撃砲小隊の運用を行い、敵の配備に関する見積もりの実施、目標情報を収集する斥候の運用、目標情報の収集整理、ターゲティングのための火力調整、さらに広範囲に展開する普通科小隊の運用を統制する能力が増強普通科中隊には必要となります。これだけのことを中隊の運用訓練幹部と中隊長でやり切るには、業務量が多すぎます。

各配属部隊が示したことを、連携をとりながら行えばできないことはないのですが、実戦的な本気モードの訓練が不足している中隊がにわかに多くの戦闘部隊の支援を受け、火力と戦力が増強された形になっても、部隊同士の連携や砲迫火力と対機甲火力の第一線部隊の行動と連携した火力の組み込みなど、事前の訓練が不足している状態です。

一方、ＦＴＣの部隊は、日々実戦に近い戦闘訓練を積み上げている部隊です。与えられた戦力を十分に発揮できなければ、ＦＴＣ部隊には歯が立ちません。与えられた戦力を最大限に発揮するための部隊運用に長け、情報の分析、情報と火力の連携のできる中隊本部要員の強化が必要となります。

ＦＴＣ部隊との戦いでは、いろいろな敗因があるのですが、第1に普通科中隊の戦闘能力を強化するために与えられた部隊を有効に使うことができていないことが挙げられます。実戦は、情報を確実に収集し、細かく詰めた調整を確実に行い部隊を動かすことが必要となるからです。

今回、中隊本部には連隊本部で情報を担当する2科の情報幹部と同じく作戦運用を行う3科の運用訓練幹部を増強することにしました。普通科中隊にこれだけの戦力が配属され単独で戦うには、中隊本部がミニ戦闘団と同じ機能を自由自在に使いこなせるようにしなければならないことがわかりました。

馬場1中隊長に2科と3科の幹部と陸曹を増強して、与えられた戦力を最大限に発揮できる要員を強化しました。少しやりすぎではないかと思われるかもしれませんが、情報と火力と部隊を使いこなすということは、簡単ではありません。相手は、情報と火力と部隊を自由に使いこなし、戦場を知り尽くしている部隊なのです。作戦を運用する能力や、現地での実戦的な行動に少しでも実力の差があれば、そこから部隊は崩されていきます。

戦闘に勝利するには、あらゆる分野において、優勢にし、確実に勝利を掴める態勢を作ることが必要となります。

ミニ戦闘団は、40連隊を代表して戦います。40連隊の持てる力を結集したミニ戦闘団の敗北は、単なるミニ戦闘団としての敗北ではなく、40連隊全体の敗北と実力不足を意味します。苦しい接戦になっても戦い抜く覚悟が必要なのです。

全体をコントロールするシステム自体の機材性能や演習準備から始まり、戦闘を行い最後AARまで実施する演習の建付けから、敵を少しずつ削り取っていき戦力を低下させるには、FTCで使用できる時間は限られています。

訓練を行う場合、時間の余裕のない中で、与えられた任務を分析し、攻撃計画を作成して各部隊との連携を調整する厳しい状況を付与されがちです。部隊は徹夜に近い状態で計画を作成し、部隊と火力の調整を行います。

第一線部隊は、敵の配置や接近経路などの偵察を行い、次の日の攻撃を準備します。厳しい状況で攻撃準備から戦闘まで行う訓練は、どんな状態でも確実に行動できるようにするための訓練として価値があります。

一方で、部隊は手順ばかりを気にしてしまうようになり、現地での戦闘をきちんと詰めたものにするよりも、作戦上の必要性に対応し、手続きを重視するようになります。このため、現地の行動の詰めや戦闘結果は二の次になってしまいます。

結果、時間に追われながら行う攻撃は、与えられた時間が近付いたら一気に敵との勝負をつけようとしてしまい、まだ十分に敵が存在している段階でも攻撃を行い、突撃してしまうことが常態となっています。

指揮官は、厳しい環境の中で一丸となって攻撃を行うことができたことに満足し、今回の訓練は成果があったと褒め、第一線での戦闘は次はいかにすればいいか考えていこうというように締めくくることが多く、第一線部隊も本気で敵を潰さないと陣地攻撃の成功は難しいと考えてはいますが、指揮官の優先順位をしっかりやった方がいいと捉えるようになってしまい、第一線の行動が甘くなっています。

長年同じような訓練を続けていると、第一線の甘い行動が普通にやるべきこととして認識されるようになってしまい、攻撃はこういうものだというイメージが定着していきます。

このような訓練が定着した部隊が、実戦的な損害が容赦なく発生するシステムを使用したＦＴＣ部隊と戦闘を行うと、こんなことは訓練で発生したことがないとシステムに噛みつきますが、ＡＡＲを行ううちに現実であることを知ります。

ほぼ敵がいない状態にして突入を行わなければ、陣地攻撃は一瞬にして損害の山になってしまう現実とともに、第一線の戦闘の訓練を実戦的に行ってこなかったツケが表面化します。

敵陣地への突入条件を作ることは、陣地攻撃の中で一番難しい場面です。その訓練も実戦的にはほとんどやっておらず、敵がよく訓練されたＦＴＣ部隊であれば、突入部隊がほとんどやられてしまうのは目に見えています。

馬場中隊長が指揮する第1中隊は、ＦＴＣを倒すための戦法を自由に運用できる能力を有し、隊員の訓練レベルは、米国籍のガン・インストラクター、ナガタ・イチロー氏から徹底的に教えていただいた市街地戦闘技術、それにS氏から伝授された世界レベルのスカウト戦闘技術を有しています。

増強普通科中隊は、ミニ戦闘団の編成をとり、連隊屈指の人員を選定して、事前の訓練では何度も不具合事項を修正し、ＦＴＣを撃破するために必要なことをすべて準備してきました。

参加メンバーも、現在所属する隊員で一番強いメンバーを中隊の垣根なく選定しました。普段の訓練から、中隊の垣根はなく誰とでも組むことができるようにしているので、集まったメンバーでチームが組めるようになっているからです。

中隊に配属される戦車、施設部隊、特科ＦＯ要員は、40連隊と戦闘団を組むときに配属される各部隊の中で、実戦派で信頼性の高い人物を40連隊の方から逆指名して参加していただけるように部隊長へ依頼をしました。メンバーが決まれば、必要な行動を確実にできるレベルまで練成訓練を行います。

## FTC部隊との戦いの地へ

第一線小隊を支援する普通科中隊本部に、情報収集・分析・火力との連携機能と火力部隊の運用、入手した敵の撃破にもっとも適した火力戦闘部隊の選定、使用する弾薬の量を決める火力調整所機能を強化しました。

火力により敵を撃破するターゲティング・システムを発揮するため、連隊本部の現役の情報幹部と運用訓練幹部を配置する編成に変えました。この2名が、ターゲティング・システムを稼動させるキーパーソンとなり、目標情報入手後、迅速に使用できる火力を選定し、敵へ各種火力を徹底的に撃ち込み撃破します。

第一線小隊が小銃や機関銃による戦闘を行う前に、敵の戦闘重心である「情報」、「指揮・統制」、「火力統制」、「通信」、「兵站」を破壊して、敵が組織的な活動ができない状態にします。あわせて、敵の大砲、迫撃砲、対戦車ミサイル部隊、機関銃陣地、小銃陣地、敵兵を、ターゲティング・システムで弾薬の続く限り破壊します。

このターゲティング・システムの核となる目標情報は、スカウトによる行動の秘匿と敵支配地域への侵入、偵察能力を徹底的に訓練した隊員が、斥候となり収集します。40連隊の見えない戦士たちの上位グループに位置する斥候は、情報小隊員であり、スカウトの名手D3曹が鍛え上げています。そして、D3曹自身もこの斥候チームの一員となります。近距離の戦闘や塹壕戦になった場合、全戦闘員は高いCQBのレベルを保持しているため、チームワークを発揮し掃討を行い、後方の陣地へ下がれない状態に持ち込み、敵を撃破できます。

情報部隊の展開、低い場所での通信の確保、目標発見要領、目標情報と火力との連携、第一線小隊の攻撃要領を反復訓練することによって、途切れ途切れだった動きが、次第につながり始め、FTCとの戦闘への出発までに、システム全体が連携しながら運用できる状態になりました。

このシステムを運用する指揮官は、1中隊長の馬場3佐です。馬場中隊長は、私がもっとも信頼する指揮官です。隊員との強い信頼によって結びついている彼の中隊は、数々の難しい作戦を成功に導いてきました。

周到に準備し、中隊長の考えを隊員に柔らかい口調で徹底させながら、各隊員に活動の自由を与えます。隊員個々のレベルを高める訓練を常に考え実践し、隊員もこの中隊長についていけば、確実にスキルアップができ強くなることを知っているので、訓練では手を抜くことは一切なく、全力で取り組みます。

隊員は方向性を理解できているので、その戦闘のイメージをより高いレベルで実現するために、自ら必要な戦闘技術を磨き、他の隊員との連携や小部隊のチームワークを隊員が中心になって進めていきます。

言われたからやるのではなく、隊員が自ら考え、話し合いながら作り上げた行動は、実戦で本物の強さを発揮することができます。

指揮官の性格や考え方によって、部隊は強くもなり、上手く力を発揮することができなくもなります。馬場中隊長は、部下の力を最大限に発揮させるタイプで、いるだけで部下が安心するような「重し」としての顔もあります。上司は部下を信頼しない限り、部下からの信頼は得られません。馬場中隊長と部下の間には強い信頼関係があり、中隊全体が生き生きとして躍動感があります。

しかし、馬場中隊長は戦闘となると、細心で用心深い上に、いったん行動し始めると蛇のようにまとわり付き、執拗です。勢いだけのそれ行けドンドンではなく、部下の命を大切に、生き残らせるために細心の用心深さです。蛇のような行動は、いかなる場面でも粘り強く、好機を待ち、戦いに勝利し、任務を達成させます。

部下を生き残らせ、勝利を獲得する指揮官は、部下がどこまでもついていきます。FTCを仕留めるとしたらこの男しかいないというほど、確実な戦闘をする信頼度の高い中隊長です。

馬場中隊長が、練成を積んだ部隊を引き連れて、小倉から北富士演習場へ向かいます。馬場が出発を見送る私のところへ来て、

「連隊長、何かございますか」と確認しに来たので、

「苦しくなっても、突撃だけはやるなよ」と言いました。

「わかっております」と、にやっと笑い、敬礼後パジェロに乗りました。

駐屯地全員が出てきて見送りを行う中、馬場中隊長率いる小倉軍の車両梯隊（ていたい）が北富士に向かい出発していきました。私は、連隊本部前で戦闘員1人1人に敬礼をして見送りました。

最後尾の車両を見送るとき、

「馬場、40連隊に戦闘技術の負けはない。わかっているな」と、心の中で馬場中隊長へ伝えました。

↑第40普通科連隊の隊舎。
↓新戦法訓練実施後のAAR（アフター・アクション・レビュー）。

ターゲティングをコントロールする本部要員。

LRRP部隊を視察する著者（中央）。

# おわりに

第40普通科連隊が高強度紛争の訓練に力を入れていたことは、あまり知られていません。今回の40連隊シリーズ第3弾では、戦法を完成させ、FTCの訓練に出発していくまでを描きました。

他流試合を何度も行い、戦法の検証と修正を行いながら部隊を練成していく段階で感じたのは、とても〝楽しい〟ということです。これは、連隊本部や各中隊のメンバーも皆同じだったと思います。40連隊、40戦闘団の1人1人が40連隊のやろうとしていることをそれぞれの立場で考え、工夫して作り上げていく喜びがあったからだと思います。訓練というものは、確かに苦しく辛い面もあります。しかし、部隊が一丸となって新しい何かに挑戦しようとすると、その目標を隊員1人1人が共有していく過程で、その〝苦しさ〟が〝楽しさ〟に変わっていくことを知ったのでした。

40連隊というチームは、劇団、一座と同じで、指揮官は指揮官という役をこなし、整備員は整備員の役をこなしていて、1人1人の重要性は変わらず皆平等であるということです。脇役をこなす人間がいなくなれば劇は成り立たないからです。車両を整備する隊員がいて、高い可動率で故障がなく車両が運用できます。車両が動かなければ、部隊は動きません。

40連隊全員の頑張りによって戦法が完成し、実用化までこぎつけることができました。1人1人が自分の持ち場でそれぞれの役割を果たすことによって戦法は作り上げられたのだと思います。40連隊全員が戦法完成を目指しながら、徐々に深い信頼感で結ばれていったから、たとえ厳しい状況になっても、楽しかったのだと思います。

戦法を作り上げていく過程で実感したことがあります。

指揮官は、常に隊員・部隊へ強い関心を持ち、訓練環境を整え続けていかなければなりません。さらに、訓練練度を客観的に評価して次の目標を絶妙なタイミングで示すことが重要となります。そして、頑張っている隊員の姿を感謝の心を持って見守り、応援し続け、実戦で勝ち抜くことのできる強い部隊を作り上げなければならないということです。

戦闘において、各種戦法を操ることができる部隊は、圧倒的な強さを発揮します。その圧倒的な強さを支えているものは、質の高い訓練をできるまで反復して作り上げた「戦法を運用するために必要な戦闘技術のレベル」です。

日々精神が痺れるような実戦的訓練をしている隊員（部隊）と、毎年変化がなく同じことを繰り返している隊員（部隊）では、戦法の説明を聞いて難しいと考えてしまうのか、できそうであると感じるのか差が出ます。そして、実際に訓練を行ってみると、これは無理と思ってしまうか、行けそうだと感じるのかという差が明確に出てしまいます。

さらに、「この戦法は使いにくい」と一見戦法に問題があるような発言が、必要なレベルに到達していない隊員から出てきて、戦法自体が使えないと判断してしまう可能性もあります。実際は、戦法に問題があるのではなく、隊員（部隊）のレベルに問題があることがあるので、幹部職は見極めを的確に行わなければなりません。

この見極めができるということは、隊員（部隊）の練度の判定ができる実力を有する幹部、隊員であるといえます。練度の判定ができる眼を持つことができるようになると、成長が加速します。今まで見えなかったものが見えるようになり、感覚として掴めるようになるからです。

理論的にすごい戦法でも、実際に実の隊員と装備を駆使して行うことが困難なものでは、アイデアにすぎません。一方、戦法を実現できない原因が隊員の練度不足（必要なレベルに到達していない）で、やり切ることができずに、この戦法を実際に使うことは困難であると判断することがあってはならないのです。

令和2年2月　二見龍

二見龍
防衛大学校卒業。第8師団司令部３部長、第40普通科連隊長、中央即応集団司令部幕僚長、東部方面混成団長などを歴任し陸将補で退官。防災士、地域防災マネージャー。現在、株式会社カナデンに勤務。Kindleの電子書籍やブログ「戦闘組織に学ぶ人材育成」及びTwitterにおいて、戦闘における強さの追求、生き残り任務の達成方法等をライフワークとして執筆中。著書に『自衛隊最強の部隊へ－偵察・潜入・サバイバル編』、『自衛隊最強の部隊へ－CQB・ガンハンドリング編』（ともに誠文堂新光社）、『警察・レスキュー・自衛隊の一番役に立つ防災マニュアルBOOK』（ダイアプレス）がある。
ブログ：https://futamiryu.com/　Twitter：@futamihiro

デザイン　鈴木徹（THROB）　　　校正　中野博子

敵《てき》の戦闘重心《せんとうじゅうしん》を打《う》ち砕《くだ》く"勝《か》つため"の戦《たたか》い方《かた》

# 自《じ》衛《えい》隊《たい》最《さい》強《きょう》の部《ぶ》隊《たい》へ

## ──戦《せん》法《ぽう》開《かい》発《はつ》・模《も》擬《ぎ》戦《せん》闘《とう》編《へん》

2020年3月18日　発　行　　NDC391

著　者　二見龍《ふたみりゅう》
発行者　小川雄一
発行所　株式会社 誠文堂新光社
〒113-0033 東京都文京区本郷 3-3-11
［編集］電話 03-5805-7761
［販売］電話 03-5800-5780
https://www.seibundo-shinkosha.net/
印刷所　株式会社 大熊整美堂
製本所　和光堂 株式会社



ISBN978-4-416-52058-1